THE
HOUSE ADVANTAGE

PLAYING THE ODDS TO WIN BIG IN BUSINESS

莊家優勢

JEFFREY MA

馬愷文——著 林麗冠——譯

MIT 數學天才的機率思考
人生贏家都是機率贏家

目 錄
Contents

前言

用莊家的邏輯、心態與規則去改變你的人生　　007

第一章

統計的信仰：21點賭局的致勝策略　　013

- 那回，我的信心動搖了
- 運動彩券和21點的共同點
- 期望值與危機四伏的金融領域
- 在賭場的優勢，遠大於在交易所的優勢
- 「莊家優勢」必備的基本原則
- 變異數與下注者
- 時間如何交換成果？
- 回測與驗證你的策略

第二章

為什麼量化「歷史數據」很重要？　　045

- 認清賭徒謬誤
- 擊敗莊家的科學家：愛德華・索普
- 利用過去預知未來
- 數據導向的企業文化
- 《魔球》給下注者的啟示
- 拼湊未來的第一步：資料探勘
- 量化，需要「質化」支持
- 把「過去資料」納入你的決策過程

第三章 ───────────────────
建立莊家優勢的第一步：像科學家那樣思考　073

- 確認性偏誤
- 「確認性偏誤」導致的企業災難
- 投資人該如何避免「確認性偏誤」？
- 選擇性偏誤
- 讓贏的機率越高、輸的機率越低
- 判斷資料的「預測價值」
- 科學家在金融領域的優勢

第四章 ───────────────────
懂得「提問」的藝術，數據才能幫你解決問題　101

- 建立正確決策框架的三個步驟
- 民調的數據究竟有多準確？
- 建立決策樹：從提出一個簡單問題開始
- 學會向「數字」提問
- 用「提問」解決問題的企業文化

第五章 ───────────────────
瞄準實際的小問題，放過那些理想化的大問題　125

- 真的有「鴻運當頭」這回事嗎？
- 無法用統計證明的事，不代表它不存在
- 贏家提出的問題都很務實
- 歷史數據永遠不完美

第六章

養成用數字講故事、呈現大量資訊的超能力　149

- 數字不是寬慰人心的工具
- 被誤解的「偽統計學」
- 「消費者物價指數」如何被操縱？
- 如何用「統計」分析廣告效益？
- 找到標準，制定數據導向的決策
- 避免「偽統計學」的四大原則

第七章

贏者「無懼」　177

- 勇敢全力以赴？還是耐心靜觀其變？
- 天才殞落的借鏡：長期資本公司
- 風險控管的真義

第八章

贏家如何用「機率思考」做出對的決定？　203

- 就算最後的結果是好的，也不代表你做的決定是對的
- 「損失趨避」的陷阱：比起獲利，人們更在意損失
- 建立「座標為零」的參考架構
- 避免「後見之明偏誤」：成功前先計算失敗的成本

第九章

只要我贏，整個團隊就贏！　235

- 個人利益會阻礙你「想贏」的決心
- 別指望人性的善良面
- 「薪酬目標一致」有利於長遠目標

第十章

分析統計數字如何幫助你贏得「輸家遊戲」? 253
- 「我討厭統計學!」
- 「聰明」和「行事聰明」間的差異
- 數學的本質:讓複雜的事情變簡單

第十一章

關鍵時刻該相信直覺?或相信數據? 277
- 打撲克的啟示:直覺必須有所根據
- 鍛鍊以「數據」為導向的直覺

尾聲

其實,我們並沒有輸給賭場 307

後記

「莊家優勢」救了我母親一命 329

附錄 I

馬愷文21點快速算牌心法 337

附錄 II

21點基本策略圖解 343

用莊家的邏輯、心態與規則
去改變你的人生

我想，真正引起我注意的，是那疊百元美鈔。

凌晨1點10分。麻省理工學院的建築投下長長的陰影，陰影蔓延到冰冷的查理士河對岸。一間名叫「歧路」的撞球酒吧就藏在那片陰影裡，店裡瀰漫著廉價啤酒和調味過度的雞翅味道。說真的，這家酒吧很遜，我住波士頓十年，大概只光顧過那裡三、四次。但那晚，我不是亂逛逛進「歧路」的，我是到那裡見一個麻省理工學院的小子，他的名字叫馬愷文。

我是去聽故事的。

我和馬愷文曾在一個共同朋友的聚會見過一次面。我和他那時只簡短地聊了一下。我知道他和朋友一起幹了些有意思的事，但並不知道細節。雖然我已經出過六本驚悚

小說，銷路不錯，但我還在尋找一個能改變我人生的故事。說真的，我在那個冷得要命的11月晚上，第一次走進「岐路」時，我不認為這個麻省理工學院的小子真的有我要的故事。

然後，我就看到那疊百元美鈔。那時候，馬愷文支起身體，倚著吧台，幾乎癱在一大堆長瓶尼克巴克啤酒和一堆只喝了一半的美樂啤酒上面。他打開皮夾，掏錢付下一輪酒錢。我沒辦法不去注意他皮夾裡那一大疊百元鈔票。

在波士頓，你幾乎看不到百元鈔票。在紐約或洛杉磯，你不會為百元鈔票大驚小怪。你會看到銀行家在脫衣舞孃酒店和餐廳亂撒百元鈔票，好萊塢演員拿它們當餐巾紙使用。在拉斯維加斯，提款機吐出的也是它們。但是在波士頓，你看不到百元鈔票。然而，這個小子、這個住我家附近的麻省理工數學天才，皮夾裡塞滿了百元鈔票。

我的好奇心立刻湧上來。身為作家，我已經習慣去注意不尋常的事。一個麻省理工的小子在「岐路」用一疊百元美鈔買酒喝，很難讓人視而不見。我決定深入調查。幾天後，馬愷文邀我到他在波士頓南端的家，在那裡，我看到更不尋常的事。他的待洗衣服上面堆了更多百元大鈔，有好幾十疊，每疊都有上萬元。

沒多久，我已經在前往賭城拉斯維加斯的路上。我和

馬愷文搭同一班飛機，同行的還有他在麻省理工學院的五個朋友。我們抵達賭城的時候，一輛加長型轎車已經在等我們了——怪的是，轎車司機稱馬愷文為「路易斯先生」。我們被帶到市中心一家大型酒店的豪華套房，是那種客廳不用牆來隔間，而是設有玻璃浴室和大片落地窗的套房。進了房間，馬愷文和他的朋友開始從衣服裡面掏錢——一堆成疊的百元美鈔，我估計有100萬美元。

接下來的事，已經是人盡皆知了。

當時，馬愷文和他的朋友是麻省理工學院「21點小組」的成員，他們在拉斯維加斯神出鬼沒，以高超的數學法則算牌，賺進了大約600萬美元。「21點」這種遊戲是可以破解的，我在書裡已經把馬愷文的冒險之舉寫了出來——他們把「21點莊家」打得落花流水，而且還把21點賭局變成一種高獲利的生意。

在認識馬愷文和他的朋友之前，我不太會玩21點。我是屬於那種會在賭桌上丟下1萬美元，憑直覺下注的人，我靠情緒來引導自己的決定。更糟的是，在認識馬愷文之前，我對錢的事一竅不通，說我不懂做生意，都還太含蓄；我二十九歲時，就把透過書籍版權、電視和電影合約賺進的近200萬美元花個精光，而且還負債累累，連國稅局的查稅員都認識我這號人物。

海明威的《旭日又升》（*The Sun Also Rises*）有句話很棒。這本書裡面有個角色叫做坎伯（Mike Campbell），當被問起，他究竟是怎麼破產的，他說：「先是慢慢的，然後一眨眼，錢就不見了。」

短短一句就講到人心坎裡去。

我從未正式破產，但我當然知道那種感覺。和馬愷文見面，以及那次見面為我們兩人帶來的生命歷程，改變了這一切。

我不僅找到了自己長大後夢寐以求的故事，而且因為要寫馬愷文傳奇而經歷的一切，教會了我一些有關做生意和金錢方面的事，那是我在別的地方絕對學不到的。

在我寫完《贏遍賭城》（*Bringing Down the House*）之後，我又寫了更多年輕天才在世界各角落追逐財富的故事，我從野性、怪誕的東京和杜拜，寫到競爭激烈的矽谷辦公室。我寫這些，並不是偶然。

馬愷文和他朋友在拉斯維加斯的行動所帶來的刺激震撼，促使我尋找更多打破成規、在壓力下建立事業的人，他們活在冒險和獲得報酬的灰色地帶，並且攫取大多數人永遠無法想像的機會。馬愷文教我以獨特的方式審視金錢、生意，以及只有靠著探索那些灰色地帶和打破成規才能夠得到的成功。

馬愷文的祕密，就在於他和他朋友所採用的規則，他們不斷改進這套規則，並且巧妙加以運用，縱橫拉斯維加斯的賭場。這啟發了我，而我相信它也能啟發你。

班·梅立克（Ben Mezrich）
電影《決勝21點》原著作者

第一章

統計的信仰：
21點賭局的致勝策略

一名站在我背後的女人尖叫起來：「老天，這是我全部的貸款！」而我則直楞楞地看著賭桌……

　　我們一生中全都有過決定性的時刻──那是一個讓人從猶豫不決走向實際行動的時刻，某一個決定把我們送上全新的人生道路。我的那個時刻，發生在拉斯維加斯凱薩飯店的21點賭桌上。

　　那年，我二十二歲，是個職業算牌員。我不久前才拿到麻省理工學院機械工程系的學士學位，但是在日常生活上，那些正統教育幾乎都派不上用場，反而是在21點賭桌上，我運用數學和統計學贏牌。我練熟了幾道直接的公式和簡單方程式，它們告訴我：每次該下注多少錢。如果我照著這些公式打，我就會贏。

　　決定性時刻發生的那晚，我走向牌桌，因為麻省理工學院的隊友已經對我送出暗號。我隊友在那張牌桌上已經

算牌算了好一陣子，他大聲說出暗號，把他算的結果告訴我。

依據隊友給的資訊和公式，我知道我必須在手上的兩把牌各押注1萬美元。我在牌桌旁坐下，在每個押注圈上面，放下十枚1,000元的黃色籌碼，然後抬頭看看發牌員，表示我準備好了。

對於我押的大注，發牌員似乎不太關心，她發給我一張11，我的另一手牌得到兩張9，然後她發給自己一張明牌6。21點完全是一種數學遊戲，不管你決定拿牌（多要一張牌）、不拿牌（不多要牌）、加倍下注（賭金加倍，同時，只再多拿一張牌），或放棄（放棄手上的牌，並且輸掉一半賭金），都沒有可以即興發揮的空間。我在牌桌上的決定，是根據最基本的玩牌原則，也就是所有算牌員所謂的「基本策略」。

「基本策略」是一套規則，也是玩21點的最佳策略。它可以做成一個表格，依據玩家手上的牌，以及發牌員的明牌，明確告訴玩家該採取何種策略（請見本書附錄II）。這個策略會因牌桌規定的不同而略有改變，但只要你熟悉並且熟記「基本策略」，你可以把賭場莊家的勝率降到1%以下。「基本策略」是四名美國陸軍技術員在1957年提出來的，他們先以數學演算法得出牌局概況，

然後再以桌上型計算機計算出牌局所有可能組合的機率。

♠ 那回，我的信心動搖了

在那個決定性的時刻，我碰到的情況是：發牌員有一張明牌6；「基本策略」告訴我：我應該對我的第一手牌11加倍下注——加注1萬美元，同時多拿一張牌。於是，我多放十枚黃色籌碼在原本的十枚旁邊，代表我加倍下注了。發牌員發給我一張7，我的第一手牌變成18。一般的狀況是，18的輸面大。但是當發牌員只有一張明牌6（當時她的情況是那樣），18贏的機會不算太壞。

我另一手拿到的牌是兩張9。我採取「分拆」策略——我另外放下1萬元籌碼，代表我現在把手上這把牌拆成兩手，兩張9可以分開來玩了。第一手牌9，我拿到一張2，總點數變11。這時，發牌員又給我加倍下注的機會，根據「基本策略」，我選擇加倍下注。我把手伸進口袋，摸出黃色籌碼，把它們漂亮地排在桌上那四疊籌碼旁邊。

接下來，局勢快速發展。發牌員發給我一張5，把11加成總點數16，然後她把目標轉到我最後的那張9上。她發給我一張10，把這手牌9變成總點數19。我現在已經有5萬美元押在牌桌上，我的三手牌分別是19、16和

18，對抗發牌員的明牌6。即使我已經是老牌算牌員，這個局面也夠我緊張的了。

21點的目標很簡單：盡量拿到21點，但不能超過21點。在賭場裡玩，你只和發牌員較量。和你在同一張牌桌上的玩家——他們的點數、他們在幹嘛、他們的技巧、運氣或天分——對你都沒影響。我那晚唯一的對手，是那名發牌員與在她背後撐腰的東家。她把她的暗牌（她那張在牌局中一直保持正面朝下的牌）翻開，是一張5。這讓她一開始的總點數變成很危險的11，因為她的總點數少於17，根據規則，她必須選擇繼續拿牌，直到總點數變成17或更高。那個晚上，她只需要某張牌就能贏。就這麼巧，她給自己發了一張10，給了自己無懈可擊的21點。我手上的每把牌都輸了，總共輸掉5萬美元。

一名站在我背後的女人尖叫起來：「老天，這是我全部的貸款！」而我則直楞楞地看著賭桌。我是個訓練有素、擅長運用算術打敗21點莊家的算牌員，早已學會不做出任何反應。我以這些玩過的牌面資訊，做出新的計算，然後得出我現在必須再賭三把牌，每把賭1萬美元。

我極為相信我們的算牌模式和方法，所以毫不遲疑地放下三疊十枚黃色籌碼。第一把牌，我拿到總點數9（一張5和一張4）；第二把牌，總點數19；第三把牌是軟15（一

張A和一張4）。發牌員有一張明牌5。接下來，我的每一步行動都由數學決定，沒有個人可以「選擇」的餘地。我對9的那把牌加倍下注，又拿了1萬美元籌碼下注，同時取得一張老K牌，變成相對強勢的19；對於第二把牌19，我選擇不拿牌。然後，我對第三把牌軟15加倍下注，取得一張4，變成總點數19。

我總共押了5萬美元的籌碼在牌桌上。上一回合輸了5萬美元，這回如果沒有贏回輸掉的5萬美元，總共會變成輸掉10萬美元，我才不過下場玩五分鐘而已。

我覺得不太舒服，胃翻攪得厲害，我是在非常保守的環境中長大的孩子，我不明白，為什麼會落到今天這種地步。但我提醒自己：這是在玩21點，我幾乎已經沒時間做正確的運算和規畫了，哪還有時間做懷舊式的回顧呢？

目前，在十三張牌中，只有兩張可以一舉打敗我，那就是5或6。但是從我算牌獲得的資訊來看，我相信發牌員手中的牌沒有太多5和6剩下來。發牌員猶豫了一秒鐘，然後翻出她下一張牌，是一張6——正是那兩張邪惡牌子的其中一張。再一次，她的總點數是21。

我三把牌都輸了，連帶輸掉的是另一筆5萬美元的賭注。

我是麻省理工「21點小組」成員，我用數學和統計，

以合法的方式打敗賭場。21點小組是由那些已經學會、並且熟悉算牌技巧科學的麻省理工學生所組成的。我們是世界上數一數二的算牌員，而且我們相信自己所做的事，因為它總是能成功。但是那回，我的信心動搖了。

這聽起來也許有點戲劇化，但對我們來說，信仰分析和統計的力量，與信仰上帝並沒有什麼不同。不管是信仰哪種宗教、屬於哪種教派，真正的信徒在人生旅途上可能會遭逢考驗，但始終不改初衷。在那個決定性的時刻，我對統計的信仰可說是遭到重大考驗。

我步履蹣跚地上樓，回到凱薩飯店的房間，然後倒在地上，瞪著天花板，檢討過去十分鐘所發生的事。我哪裡做錯了？我在腦子裡一遍又一遍重新檢視我拿到的每把牌和所做的決定。它們完全符合「基本策略」守則，但我還是輸了。怎麼會這樣？也許是數學哪裡出了錯，或者是數學終究還是行不通？

這次輸錢是前所未見的，它出現的可能性不斷糾纏著我，我的腦海滿是懷疑。在我算牌的生涯中，我當然輸過錢，但從未輸到這種程度——相較之下，這次輸錢是一場大災難。

我相信，我們都曾面臨這種充滿懷疑的時刻，而我們選擇面對的方式，顯示出我們的態度。以我來說，我可以

倚賴的東西，就只有我對數學和統計的信心，我知道它們行得通。在我玩牌當下，21點的基本原則並沒有突然改變。雖然在那張賭桌上發生了不可思議的事，但我們研發出來的方法還是根基穩固的。

我從行李中拿出幾張試算表和一個計算機，算了幾個數字。我很快就發現：第一把牌，我比莊家多5％的機率可以贏牌，第二把牌，我比莊家多6％。兩者在21點遊戲中，都有贏面，但兩者都不代表「一定會贏」。

說更清楚一點，第一把牌，我只有52.5％的贏牌機率，莊家還是有47.5％的勝算。顯然，看著桌面那些牌，在不同的時點，我都以為我手上的牌贏的機率比實際高出許多，但當我把錢放進押注圈時，我的贏面仍然只有5％和6％。

把這些數字釐清，幫助我看清楚那晚發生的事。我必須在兩個選擇之間做抉擇——放棄或繼續玩。我告訴自己：在此刻放棄，就是放棄之前所有的努力——在無數個晚上把牌發給自己，和我的隊友一起練習。我不能放棄。放棄不是應有的選項。

所以我決定回到賭桌，開始玩牌。我整個週末都在賭，把輸掉的10萬美元贏回來，然後又贏了一些，最後共淨賺7萬美元。如果前兩回合我也贏了，我在那個週末

贏的錢就會超過25萬美元。但是我對我們法則的信心，把我從10萬美元的大破洞中救了上來。

從此以後，我對統計深信不疑。

2001年，我找上作家班・梅立克，跟他談他下一本書的故事題材。我跟他述說我的朋友圈，以及我們如何用數學和統計贏遍賭場──賺了好幾百萬美元。我們在週末的時候，從波士頓飛到拉斯維加斯，我們是21點精英玩家小組的成員。大部分成員是尚在就讀或是剛畢業的麻省理工學院學生。麻省理工是世界頂尖的大學之一，我們的同學把汲取知識當成是自己的報酬，但我們這些人汲取的卻是鈔票和籌碼──花花綠綠的鈔票和籌碼。

當時，班不太有意願撰寫我們的故事。2001年的時候，電視節目還沒有撲克牌遊戲，世界上的賭場也比現在少，而且一般人想到算牌，都會聯想到電影《雨人》裡的達斯汀・霍夫曼。他們當然不會把它想成是像007情報員那種迷人的故事──數學小子打敗邪惡賭場。一本描寫麻省理工學生算牌的書，聽起來比較像是用來治療失眠，而不像是《紐約時報》暢銷書。

但是，等到班在賭城看到我們充分展示「天分」後，便開始著手撰寫我們的故事，《贏遍賭城》一書就此誕生。這本書寫出了「我的故事」，或者至少是班對我故事的看

法。由於我不確定大眾會以什麼樣的角度來看一本描寫賭博的書，我要求班把我的名字改掉。「凱文・路易斯」（Kevin Lewis）和「班・坎貝爾」（Ben Campbell，也就是電影《決勝21點》裡的主角名字）變成我的化身，而我的故事，則因為變成《紐約時報》暢銷書和賣座電影，成為不朽。不論是在小說還是在電影裡，我們辛苦工作所包含的有趣和戲劇性的轉折，重點都放在我的經驗上，但是小說和電影沒有充分處理的部分，是打敗賭場所需要的創意、創新和商業敏銳度，而我相信，這些資訊對於各式各樣的商場情境是很有價值的。

♠ 運動彩券和21點的共同點

在《決勝21點》之後的生涯裡，我帶著這些心得經驗，尋找可以在賭場以外運用它們的機會。其中有些選擇是顯而易見的。當然，在我的職業生涯中，金融業很早就向我招手，但我對它產生興趣的時間很短。最後，我轉到運動這個行業上。我從小就對運動充滿興趣，這也意味我將運用數學和統計來延續我的職涯，在此創造具有競爭優勢的機會。

我和運動界一些絕頂聰明的人士共同創立「波粹」

（PROTRADE）網路體育交易公司。我們的投資人包括康普頓（Kevin Compton），他是矽谷最成功的創投家之一，同時也是全美曲棍球聯盟「聖荷西鯊魚隊」的老闆。穆拉德（Jeff Moorad）也投資我們，他當時是頂尖的運動經紀人，現在是職棒大聯盟「聖地牙哥教士隊」老闆。我和事業夥伴肯恩斯（Mike Kerns）的目標是用科技和分析法來革新運動產業。我們開始和職業球隊合作，例如NFL美式足球的「舊金山四九人隊」、NBA籃球「波特蘭拓荒者隊」。我們協助他們在球場上、球場外運用統計分析，做出更好的決定。我們也和ESPN頻道、《運動畫刊》（*Sports Illustrated*）等傳統媒體巨人合作，協助他們運用進階的統計法來加強報導內容。同時，我開始到各大企業演講，告訴他們如何把玩21點的理論運用到他們的領域。

我從21點牌局贏得的名聲，給了我一個宣揚「統計信仰」的講台，傳道給願意聽的人聽。在試著傳達訊息的同時，我也遇到一些志同道合的人，他們教導我幾個重要的守則，那是取得莊家優勢所必備的。

如果我被稱為「21點大主教」，那麼我朋友鮑伯·史托爾（Bob Stoll）就是運動彩券的傳教士。過去十年來，他對美式足球和籃球彩券賭博開發出一套信仰系統，就像我對21點有一套法則。

隨著網路彩券賭博網站興起，拉斯維加斯愈來愈受觀光客青睞，運動彩券變成一門大生意。富比士網站估計，美國每年有825億到3,825億美元的賭金下注在各種運動競賽上。運動彩券和21點有一個非常重要的共同點：**兩者都是玩家可以用分析和統計贏得勝利的遊戲。**

　　玩家只需要創造一套模式，協助自己以高於賭場或運動賭注佣金的勝率選到勝隊就行了。「讓分」（the spread）是最標準和熱門的賭注，在「讓分」賭注中，賭場拿10%佣金。例如，最近美式足球超級盃中，小馬隊對抗聖徒隊。小馬隊讓聖徒隊5分，這代表如果你押小馬隊，小馬隊必須贏超過5分才算贏。如果你押小馬隊100美元，同時小馬隊贏超過5分，你就贏100美元；如果你押100美元，但小馬隊贏不到5分，或甚至輸了，你實際上會輸掉110美元。因此，在「讓分」賭注中，你挑到贏隊的機率是50%還不夠，你的勝率實際上必須要是將近53%才行。

　　這有多難呢？去問問那一大堆在幾年間敗光家產的運動彩券賭徒、或是問那些假行家就知道了。那些假行家販賣他們選的押注資訊，然後誇口說他們的押注資料有多準，但真相卻是：用他們資料的賭徒，**輸錢的比贏錢的多**。有個兜售這類押注資訊的人曾經跟我解釋，他不喜歡把他所謂的「行家記錄」拿給人看，因為大部分行家記錄

的勝率集中在50％左右，拿給人看只會「阻礙銷售」。一般來說，很少人能持續性地打敗賭場，更少人會真的去告訴別人他們所做的事。不過，史托爾就是這些少數人之一。

史托爾在運動彩券業界以「鮑伯博士」聞名，他在加州大學柏克萊分校學的是統計，大二那年首次嘗到運動賭博的滋味。他是個狂熱的美式足球「奧克蘭突襲者隊」迷。他有個朋友在奧克蘭一家保齡球館開始一項運動賭博競賽，以「讓分」方式賭每一場NFL國家美式足球聯盟的比賽。從此以後，史托爾對運動賭博變得更感興趣。參與這項競賽，每次要交2美元。史托爾認為，運用簡單的統計或許會讓他在競賽中有致勝的優勢。

由於1980年代初期還沒有真正的個人電腦，史托爾用手計算，設計出一個簡單公式，這個公式讓他利用先前比賽的實用資訊，預測每場比賽每支隊伍的得分。第一個星期，他所押的美式足球比賽以12：2贏了102美元。當他細數這些贏局時，面露微笑，彷彿是在回憶他生命裡最驕傲的時刻之一。此後，他從運動賭局中贏了數百萬美元，但對於史托爾這樣的人來說，最大的推動力量並不是錢，而是挑戰——**了解那個系統，並且打敗它。**

史托爾繼續在大學進修統計的學位，他發現：他在課堂上學到的東西，和他新找到的運動賭博嗜好之間，有不

謀而合之處。在上了某堂課之後，他認為「傅立葉級數」*
也許可以直接用來預測球隊的長期戰績。

　　他注意到：美式足球隊的長期戰績，和他所學的傅立
葉級數模式有些相似，於是，他假設這類分析有助於預測
球隊比賽成績。他和教授討論過後，教授介紹他認識教授
的同事歐爾金（Dr. Mike Orkin）博士。歐爾金那時設計
了一個稱為「讓分分析師」（Point Spread Analyzer）的軟
體。這個軟體可以讓賭家在以往比賽的龐大資料集中進行
搜尋，找出球隊過去在面對不同情況時的表現為何。史托
爾和歐爾金討論球隊每星期的表現如何變化——運動賭博
的技術分析就這樣誕生了。

　　史托爾開始為一家名叫《黃金資料》（the Golden
Sheet）的著名賭博刊物寫文章，介紹運動賭博技術分析
的概念。過去，人們早就注意到球隊在球季中的表現有時
會奇怪——例如，大贏一場之後，接下來卻連輸幾場，或
是，在大敗之後，卻突然打得很好，戰績瞬間回升。但是
在史托爾之前，沒有人真正找出能夠準確預測的可靠方
法。這項宣傳，幫助史托爾開創賭局諮詢事業，隨著網路
和電子郵件的興起，他的生意越做越大。最後，替《華爾

＊ 法國數學家傅立葉所發展的一套數學技巧，可用來分析有週期性的函數。

街日報》寫文章的沃克（Sam Walker）稱史托爾為「震撼賭城的人」。

若你讀過鮑伯博士的報導，也許會把他想成是一名瘋狂天才——把自己關在地下室裡，周圍是一堆大型電腦和伺服器，裡面儲存著的幾兆位元組資料。但是某個週日傍晚，我和他一起坐在他座落於舊金山海特—亞許柏里區的透天住家時，我覺得在我見過的人當中，他並不是數學頭腦最好的，不過，他可能是最有自信的一個。

他的自信從他每個細胞中流露出來。那不是沒品味的傲慢，也不是惹人厭的自大，相反的，那是篤定的自信。我記得，在認識他的初期，我們一起做一項網路計畫。有一個星期一下午，他來我辦公室找我，我問他週末過得如何？他告訴我：他週末打奪旗式美式足球賽（flag football game），結果輸了。「問題就在，我是聯隊裡面最好的外接員，而且沒人可以代替我。那天我們的四分衛沒來，而我恰好也是很好的四分衛，結果那天我變成四分衛。我沒辦法去當外接員，對我們球隊傷害很大。」如果換作是其他人說出這樣的話，肯定會顯得自大，但鮑伯只是闡述事實，在他心裡，不管做什麼事，只要是他在行的，他總是做得最好的那一個。

我坐在他對面，對他的自信感到新鮮。我問了他一個

很簡單的問題：「你有想過要放棄嗎？」我很好奇他對數學多有信心，也好奇他在運動彩券賭博這個困難的領域中，對於用數學贏得經常性的勝利信心有多大。我想到自己躺在凱薩飯店房間的地板上，信心遭遇大考驗的那一刻。

我問得快，鮑伯博士也答得快。

「從來沒有」他說。

這個傢伙曾經遭遇接二連三的慘敗時刻，但他說他從未失去信心，也從未想過放棄。鮑伯博士顯然是我見過最具信心的數學家，他最大的特色就是這種超級自我。就是這種自我，讓他度過足以讓別人金盆洗手的連敗時刻。就是這種自我，給了他對統計的巨大信心。

至於證據，就在他的成績中。不是短期成績，不是兩個星期的成績，也不是兩個月的成績，甚至也不是一季的成績。這個成績就是：在他的職涯裡，他以平均56％的勝率贏過讓分表──這種成績足以讓他的事業有幾千名訂戶、讓他在全世界最貴的城市之一擁有一棟漂亮房子，以及每年超過100萬美元的收入。鮑伯博士的信心來自一個信仰：這些職涯數字是唯一重要的事，而且是能夠衡量他能力的真正指標。

我不確定我對自己是否有過這種自信，但我對我們的

算牌法則確實有類似的信心和信仰。就是它，讓我度過10萬美元損失的低潮，並且讓我不斷地回到賭城。我當算牌員的生涯中，所遭遇的信念考驗，是我所學到最珍貴的教訓之一。因此，踏入社會時，我想要尋找一個能讓我對本身能力產生類似信心的工作。

♠ 期望值與危機四伏的金融領域

大學畢業後，我的叛逆行為是：放棄進醫學院，選擇到金融界工作。我的第一份工作是到芝加哥一家做選擇權交易的公司上班，那家公司叫「歐康諾」（O'Connor and Associates）。歐康諾在業界被視為是一家實力堅強、但尚不知名的公司，專門經營現代選擇權業務（modern options）。選擇權最初問世時，很多人不懂如何操作這項交易，這種情況創造出龐大的套利機會，歐康諾就是最早利用這些機會的公司之一。但隨著選擇權市場成熟，歐康諾也成熟了。在1990年代初，像歐康諾這類公司紛紛憑藉著「可以迅速賺到幾百萬美元」的承諾，吸引麻省理工學院等頂尖大學裡最聰明的數理人才，讓他們甘心離開收入平庸的工程師職位。我應該算是那類數理人才。

歐康諾不在乎我在麻省理工學院從未上過一堂金融或

商務相關課程。事實上，我從未修過任何經濟系的課程。後來我才知道，歐康諾刻意不聘用企管碩士，他們喜歡的是從未接觸過金融企管的新手。我有個同事叫布瑞特（Ted Bretter），他回憶說，如果他在別家公司工作過，歐康諾就不會錄用他。「他們告訴我，他們不想浪費時間在待過別家公司的人身上，因為他們得糾正別家公司教給他們的所有錯誤知識。」歐康諾對於它在金融生態體系中的地位，確實是信心滿滿。

因為我沒接受過正式的金融教育，我在歐康諾的每一場面試，主考官都把焦點放在我履歷表底端的最後一小行字上面——我在「其他興趣」那行，寫上：「算牌」。

我第一次去面試時，緊張得要命，因為大體來說，我對選擇權和金融都不太懂。我預先讀了一本講選擇權的書，讓自己至少知道一些基本用語，但我一點也不知道他們會問什麼問題。當我走進歐康諾在麻省劍橋市凱悅飯店租下的漂亮房間時，我對這次面試不抱什麼希望。

主考官先問了一些基本問題，但很快就開始問比較難的問題。

「假設我們玩擲骰子遊戲，骰子有六面，我擲到幾點，就付你幾元。換句話說，如果我擲到1點，我付你1元，如果我擲到6點，我付你6元。那麼，你每次會付我多少

錢來吸引我玩這個遊戲？」

我的緊張立刻消退。這不是金融，而是統計。這很簡單！

我回答說：「每次擲出骰子的期望值（每一次擲的平均值）實際上是 3.5，所以我會付你 3 元。」主考官很滿意我的答案。我進入了複試。我在複試中深入探討算牌技巧，結果我得到了這份工作。

我在金融界工作，同時繼續深化我對統計的信仰。21 點是個很好的開始，但接下來我想把這個信仰帶到下一個層次，在一個比較讓人接受而且是正當的職業上，賺幾百萬美元。因為，你父母不可能在聚會上很光彩地跟別人說，「我的孩子是麻省理工學院畢業的，目前是一個職業賭徒。」

但是在從事正職的路上，發生了一些趣事。

1994 年，歐康諾要求所有新進人員參加密集訓練課程，這套課程教我們對於衍生性金融商品和衍生商品理論所該知道的每一件事。上完八週課程之後，我知道金融是個很危險的領域。

完成密集訓練後，公司直接派我到「芝加哥期權交易所」（CBOE）擔任交易員助理。助理是歐康諾設立的學徒職位，通常為期十二至十八個月。這段期間結束後，我就

會變成交易員。等我在協助交易員交易的工作上手之後，我的責任就會加重。歐康諾裡很多負責管理交易的助理，最後都升任為交易員。

交易員是專門幫歐康諾賺錢的，他們利用統計模式找出定價過高的選擇權，然後賣掉它們。他們也會找出定價過低的選擇權，然後買進它們。我們的口號既簡單又經典：「低買高賣」。當然，歐康諾還做很多更複雜的事賺錢，但我第一年做的工作就是「低買高賣」。但即使在這個簡單的領域中，還是有一個重要問題要面對：歐康諾怎麼知道哪些選擇權被低估、哪些被高估？

選擇權是一種金融工具，它讓持有者能夠在未來某個時點，對某件標的資產買進或賣出，但那是權利，不是義務。選擇權可以用在任何東西上面——股票、債券、房地產。選擇權的價格就是你對一項標的資產願意支付的權利金，你用它換取你未來可以用某種價格買進這項標的資產的權利，這意思幾乎和支付保險費是一樣的。舉例來說，你想買一棟房子，但你可能一年後才有錢買。你找到理想中的房子，它要價100萬美元，價格合理，但你現在就是沒那個錢可買；同時，你覺得明年房子可能會漲價。於是你同意支付賣方5,000美元，以取得明年以100萬美元的價格買進這棟房子的權利。這個選擇權的價值取決於許多

因素，但最重要的因素是明年市場會怎麼變化，這就叫市場「波動性」。

在上述的例子中，你只有在房價保持不變的時候，亦即波動性為0時，你才會吃虧。如果房價上漲，實際價值110萬美元，你會很高興你有權利以100萬美元的價格買進，你已經為自己省了9萬5,000美元；如果房價下跌到90萬美元，你也會很高興你當初沒買進那房子，現在你可以選擇不執行你的選擇權，直接用90萬美元買進那棟房子，這樣一來，你還是省了9萬5,000美元。選擇權的價值受市場波動性影響，原因是波動性高就代表市場價格變動速度快，選擇權的價值也跟著水漲船高。

♠ 在賭場的優勢，遠大於在交易所的優勢

在歐康諾，我隸屬股票部門，做的是股票選擇權交易。我們利用歷史資料的複雜量化模式，來預測我們交易的每檔股票未來的波動性。我們用這些模式估算選擇權價格，用它幫助我們決定該買什麼、該賣什麼。它和21點相似的地方是，我們有「數據」告訴我們：什麼時候要加碼（買進）、什麼時候該減碼（賣出）。這個共同點讓我對我們的交易方式有信心，至少有一陣子是這樣。

我在歐康諾工作的第一年，我還是21點小組成員。週一到週五，我在芝加哥期權市場賭博，週末的時候，我在賭場賭博。很自然地，我開始比較這兩者。我發現：我們在賭場的優勢，遠大於在交易所交易的優勢。算牌法根據的是不變的數學原理，除非21點的玩法改變，否則它不會變。我們每個賭局都根據理論上的優勢，只要時間夠長，優勢一定會出現。只要我們有足夠的錢撐過變異數所造成的衝擊，我們輸錢的風險就會微乎其微。我們在賭場做的事，少有「賭博」的成分在。但選擇權交易系統就不一樣了。仔細分析之後，我發現它不像21點那麼有勝算。我在歐康諾工作期間，發生了兩件事，讓我深信它有缺陷。

　　歐康諾有各式各樣的員工，有像我一樣受高等教育的，也有一些是社會敏銳度勝過正式教育的人，我協助的交易員就屬於第二種類型的人。

　　依照股票在交易所交易的位置劃分，每名交易員負責幾組股票選擇權交易。當時墨西哥電話公司「墨西哥電信」（Telmex）是我交易員的股票組合之一。他和其他交易員站在墨西哥電信交易場中，討論哪種價格算便宜，該買進；哪種太貴了，要賣出。日復一日，他進行交易，把在理論上賺到的錢變成實際獲利，因為市場的實際波動和我們用理論模式算出來的走向一致，他買進的選擇權升值

了，而他賣掉的選擇權變得比較不值錢。

我們用這個模式交易，幫公司賺錢。但是有一天，這個模式不靈了。

1994年，墨西哥爆發經濟危機，主要是因為該國的貨幣比索貶值。墨西哥比索一直以來都緊盯美元，墨國總統塞迪略（Ernesto Zedillo）宣布他要加大歷史性的固定匯率區間——政府這麼做，基本上是讓比索匯率浮動。沒有美元的支撐，比索開始狂貶。

墨西哥經濟危機對墨西哥電信的波動性有極大的影響，墨西哥電信的選擇權幾乎要爆炸了，它變得極為昂貴。我們的波動模式告訴我們：標的的價格太昂貴，我們把手上賣得掉的墨西哥電信選擇權都賣了。一整個星期，我每天在交易池和我們的隔間辦公室之間跑來跑去，鍵入「賣出」，幫我們的交易員做計算，並確保他能獲得需要的支援。

晚上回到家，我回想當天發生的事。我想，我們的標的資產所處的環境發生了根本變化。我們的模式怎能用歷史資料估算過去從未發生過的事呢？比索貶值是一項重大事件，並沒有能與它相提並論的事作參考，但我們卻對我們的數字有無比的信心，拿它做交易。雖然那是一般公認的好辦法，但我就是覺得不對勁。感覺就像21點玩到

一半時，莊家改變了遊戲規則。

　　沒多久，我就和這名交易員一起在克萊斯勒交易場工作。當時，克萊斯勒的股票交易量很大，因為傳言它快被賣掉了。大家想買克萊斯勒股票選擇權，以便在克萊斯勒被買走後，大賺一筆。億萬富豪克爾克雷恩（Kirk Kerkorian）是克萊斯勒最大的股東，他企圖進行惡意併購，結果股價立即大幅波動。因為成交量很大，再加上波動性日增，我們每天都進行好幾百筆交易。但是，我又想到，我們那種使用歷史資料的模式，如何把這種一生一次的併購事件納入呢？

　　我並不是認為歐康諾的人不聰明。相反的，我覺得他們是我見過最聰明的人之一，而且大體來說，他們非常成功。但是我對我們的21點算牌法信心十足，所以我覺得，在金融界工作所涉獵的賭博風險，遠大於任何一家賭場。

　　接著，轉折點降臨。有一天，我坐在我們交易所的隔間辦公室。如果你是助理，當你坐下來的時候，你應該是全神貫注在買賣部位上，仔細留意能賺錢的機會。但我卻發起楞，心裡想著下次到賭城的事。我老闆注意到我，所有的助理全都是他負責訓練的，他跑到我面前，對我咆哮說：「你克萊斯勒的係數現在怎樣了？」

　　他是要我報告我們克萊斯勒部位的最新情況，我應該

將全副精神放在那上面。這項資料，我應該可以立刻說出來，但相反的，我卻嘟嘟囔囔，言不及義。我並不是不知道那個係數數據，但我對他的訓練技巧感到厭煩。

他開始教訓我：「為什麼你不能用你看賭場的眼光看這個交易大廳？」他指著整個交易大廳說：「我知道你看到賭場就像看到鈔票一樣，你挑戰自己，要自己想盡方法，把賭場的錢贏個痛快。你要用相同的眼光看這交易大廳，更積極才行。」

他走開的時候，我對著電腦猛敲鍵盤，假裝在工作的樣子，其實我在想他的問題。為什麼我無法用看21點的眼光看我的工作？

接下來幾個月，我比以前更認真工作，說該說的話。我老闆給我很高的評價，但我仍然對這個行業沒有信心。最後，我辭掉工作，搬回波士頓，另外找工作，同時把更多心力放在21點上。

我辭職的那天，我老闆很驚訝，他對我說的話，我永遠也不會忘記。他在臉上擠出微笑，說道：「你在這樣的位置，做出這樣的決定，你一定對你的選擇有很強的信念。」我離開一家快速茁壯、後來被瑞士銀行併購的公司。但是，21點讓我對自己的分析持有很高的標準——我在歐康諾的時候，歐康諾達不到那個標準。

♠「莊家優勢」必備的基本原則

　　這種高標準出自21點恪守數學規則的獨特性。這種高標準，加上我在金融領域的短期工作，協助我獲得某種觀點，了解取得「莊家優勢」所必備的基本原則。這些原則是我們的戒條，它們會一再出現在本書中。但更重要的是，這些守則是一個人如何運用分析致勝的基礎。

　　第一條原則是：**了解變異數**。當我學會輕鬆面對變異數後，我擁抱它。不管是玩21點還是做生意，就算駕駛的是順風船，最後輸掉的大有人在。假設我邀你玩擲銅板遊戲，而且擲的是普通的25美分硬幣，每次銅板出現人頭，我給你1.02美元；如果不是，你給我1美元。如果你了解數學，你一定會想玩這個遊戲。但如果連擲十次，都不是出現人頭，你會輸掉10美元，那時你可能就不想玩了。但如果在這個時候放棄，你就大錯特錯了。這時你反而應該趕緊跑到銀行領出1,000美元跟我玩，玩到我破產為止。你連輸十次，只不過是反面的變異數出現而已。

　　一般人很難輕鬆面對「變異數」這個概念。2007年，鮑伯博士以5勝32敗的成績，接到一堆客戶寫信臭罵。「我告訴他們，『別擔心，這種事情有時會出現，但請別在這時收手。我的方法還是行得通，只要繼續玩下去，我有

信心勝率會達到我的職涯記錄56％。』」

他說：「問題在於，一般人就是不懂變異數。不能因為我在三十七場賭局中輸掉三十二場，就突然認定我的方法不管用。」

「這就像如果你受聘為『聖路易紅雀隊』總經理，你上任第一個星期，普荷斯（Albert Pujols，他被公認是棒球界的最佳球員）卻打出三十七場5勝的成績，你會因為這樣就決定讓普荷斯坐冷板凳嗎？當然不會。你會讓他一直待在場上，期待他打出他整個職業生涯的水準，而不是他上星期的水準。」鮑伯博士解釋道。

但鮑伯的客戶開始取消他們的訂閱，決定不再跟著他做。「這種決定是最糟糕的，」他解釋說。「我相信，如果繼續下去，我們的勝率仍然在56％左右，就像我一直都是贏56％那樣。」

結果他贏了，接下來三週，他以38勝7敗大贏。那些堅持跟著鮑伯做的人，因為他們的信心而收割成果。那些中途下車的人，成為變異數和不信任統計的受害者。

不管你賭的是21點或運動項目，或者你一點也不打算踏進賭場一步，「學會面對變異數」都是很重要的一課。就像鮑伯博士所說的：「**我已經訓練自己不要去管短期波動。我對我做的每件事都保持冷靜。生意人最好學會這一**

課，不要對短期結果反應過度，因為那可能只是變異數的產物而已。」

我們在統計信仰裡的第二條原則是：**重視長期觀點，並且承諾投資於長期成果**。鮑伯博士在三十七場賭局中大輸，結果導致那些不相信統計的客戶信心崩潰，他們的銀行存款也跟著遭殃。鮑伯在那三十七局裡，勝率很差，只有14%，但是在近二十年的職涯和一萬場賭局裡，他的勝率是扎扎實實的56%。**在心理層面放長眼光看待這種接踵而來的敗績，和保持適當的資金是同等重要的**。鮑伯的客戶裡，有的人情緒崩潰，決定不再跟隨他，有的人也許對鮑伯還有信心，但因為資金安排不當，沒錢繼續再賭。這是代價高昂的錯誤。

大部分成功的分析策略只能給你少許優勢，因此保有長遠眼光是很重要的。你必須玩很多次，並且很有耐心，才能實現這個優勢，並將它轉換成真正的報酬。拿之前的擲銅板為例，每丟一次銅板，你的優勢只有0.01美元（你有50%的機率輸掉1美元，50%的機率贏1.02美元）。如果你玩一百次，你只能贏1美元。如果要贏大錢，你必須玩好幾千次、甚至好幾百萬次才行。如果你真的有耐心，口袋也夠深，能玩一百萬次，你可以賺到1萬美元。玩擲銅板能賺這樣，很不錯了。

♠ 變異數與下注者

　　企業如果想把統計分析運用在做生意上，也需要有相同的耐心。最近我跟我朋友羅伯森（Niel Robertson）談到，玩21點要有長遠眼光才行；而不足為奇的是，羅伯森說他在經營自己的新企業巧達（Trada）上，也看到相同的現象。

　　巧達協助企業在 Google 和 Yahoo 這類的搜尋引擎放置廣告，並將廣告最佳化。當你在 Google 搜尋某個項目時，例如「21點牌桌」，你會看到 Google 顯示正常的搜尋結果，也會看到搜尋結果上方和右方有一些贊助連結。這些贊助連結會出現在搜尋結果旁邊，是因為廣告商告訴 Google：每次當有人搜尋「21點牌桌」時，他們的廣告就要出現在搜尋結果旁邊。但挑戰點就在於，這些廣告商同時也得告訴 Google：當有人搜尋「撲克牌桌」、「牌桌」、「賭桌」、「賭場牌桌」、「賭場遊戲」、「公司賭場遊戲之夜」，以及任何和他們產品相關的組合字眼出現時，他們的廣告也要出現。

　　羅伯森會創立巧達，是因為對大部分中小企業來說，這種廣告配對的過程太複雜了。很少有公司擁有管道取得關於建立和刊登廣告的專業知識。巧達創出一套系統，這

套系統不是把一位專家和一家想登搜尋廣告的公司配對，而是讓幾百位專家幫每家企業針對它們的市場做廣告規畫，然後依照每位專家的績效表現支付酬勞。巧達屬於一個稱為「群眾外包」（crowdsourcing）的新興領域，這個領域以一個想法為焦點：一群人一起解決一個問題，通常比一位專家獨自解決一個問題所得到的結果要好很多。

我和羅伯森的談話圍繞在和小型企業做生意的難處。**小型企業對它們所花的每一毛錢都很在意，而且可能不完全了解「變異數」這個現象。**搜尋引擎行銷的可喜之處在於：不論公司屬於哪一類，它創造出來的成果大致上是一樣的，但前提是需要很多點擊數。這個產業的標準是，在所有點閱某個廣告的人當中，有1至2%的人最後會購買廣告所推的產品。儘管這當中會有例外（有些網站的客戶轉換率較好，有些較差），但巧達整體的統合資料顯示：1至2%是非常安全的標準。對羅伯森來說，問題就在於：小型企業花錢**過於謹小慎微**。

♠ 時間如何交換成果？

如果企業主買了一百次的點擊量（在 Google 下廣告，廣告每被點擊一次，該廣告主就得付 Google 一次錢），他

們期待有人真的會買產品，因為巧達報給他們的平均達成率是1至2%。有時他們運氣很好，在五十到六十次點擊中，就有一次交易達成，但有時他們得等一百次、二百次、甚至三百次，才能完成一筆交易。每當這種衰運降臨時，很多企業主就急得搔頭搔腦，因為點擊數和成本持續增加，但他們在短期內還看不到任何利潤。巧達經常建議企業用等待換取成果，最後一定會達成交易。一次又一次的結果顯示：達到穩定統計量（點擊數達到一千次）之後，1至2%的轉換率會出現。

你可能會在廣告戰中被衰神一再附身，就像玩21點有時運氣會很糟糕一樣。

在賭城碰到接二連三的壞運氣時，我們的神經，以及我們對統計的信念就會受到考驗。看著1,000美元籌碼接連被莊家掃走（就像尼爾的客戶每次點擊，就得掏錢出來一樣），真的很難再押下籌碼。我們要抱持長遠眼光，但更重要的是，我們得有足夠資本應付這種無可避免的噩運。羅伯森說，廣告的情況也很類似，他要求：想在搜尋引擎下廣告的客戶，必須預留一定的銀行資金。

「巧達的廣告客戶必須簽立三個月的廣告合約。我們學會提出這項要求，是要防止客戶因為被不可避免的噩運弄得心煩意亂。坦白說，每一位客戶在推出廣告期間，難

免會碰到壞運氣，但是到最後，數據總是會回到我們期望的平均值，屢試不爽。」羅伯森解釋道。

因此，不管是經營企業還是玩21點，你都必須抱持長期眼光，並且有相對應的資金投入，才能使分析產生成效。此外，你要像鮑伯一樣，保持正面態度和信心，相信它一定會有回報。

♠ 回測與驗證你的策略

最後，你必須對你的策略或模式有信心。我後來發現：這點是我在從事選擇權交易時缺少的重要項目。墨西哥金融危機和克萊斯勒收購事件，讓我對我們策略的穩定性產生懷疑，但我深信，我們的算牌策略會一直行得通，或至少到21點規則改變之前都行得通。

21點的另一個獨特原則是──遊戲規則從不曾改變，因此，規範此種規則的數學也沒有改變。這個獨特性在本書稍後會發揮作用，屆時我們將探討，在人類行為可以改變遊戲規則的領域，許多人分析應用數據時所碰到的難題。

大部分策略不會長期維持穩定，因為世界和群眾基本上一直在改變。而這一點，正是把數據分析運用在企業、

金融或運動等真實世界中會遇到的重大挑戰。當事情改變時，你必須能夠靈活地重新評估你的策略。在面對詭譎多變的情況時，你必須不斷檢查和測試你的策略，因為唯有如此，你才能夠保有致勝的信心。

　　21點給予我最終的洗禮，讓我對「統計」這個信仰產生無比的信心，就像鮑伯博士經由美式足球、而羅伯森經由行銷效能洗禮，對統計產生信仰一樣。統計的獨特性，讓我對數字的力量深具信心，也讓我了解，運用分析以便在商業上致勝所需要的根本原則。

第二章
為什麼量化「歷史數據」很重要？

「歷史教你每一件事，包括未來在內。」

——法國詩人 拉馬丁（Alphonse de Lamartine）

在我拓展21點事業的同時，我也尋找其他可以運用統計分析的領域。但為了這麼做，我必須先了解算牌的核心原則才行。為什麼它行得通？在更廣義的決策制定上，它可以教我們什麼？

一般人對算牌有許多誤解，**最普遍的一項誤解是：你必須很聰明才能算牌。**大家以為我有相機般的記憶力、以為我是數字專家，或以為我們靠對撲克牌施咒贏牌。

以上猜測沒有一個是真的。老實說，我從麻省理工學院得到機械工程學位，我當然對數字很在行，但這些並不是擔任成功算牌員的必要條件。你所需要的，只是學習算牌背後的數學原理，然後勤奮練習。這個過程很辛苦，而且需要決心，但是21點之所以讓人擊敗，是它的本質使

然，而不是有人在過程中施咒。

21點並非無懈可擊，因為它有記憶。之前打出去的牌會影響到將來的牌。這種記憶特性在學術上叫做「條件機率」（conditional probability）。**條件機率的定義是：某一件事的出現，影響到另一件事出現的機率。**例如，一張A出現後，影響另一張A出現的機率。如果我們知道一副牌有五十二張牌，而且一副牌有四張A，我們就會知道一開始開牌時，第一張牌打出A的機率是4/52（7.7％）。如果第一張打出了A，那麼，出現下一張是A的機率變成3/51（5.9％）。簡單的說，出現一張A已經改變了另一張A出現的機率。

我們可以拿21點和賭場其他遊戲做比較，例如輪盤。輪盤通常有38個格子，平均分布在一個輪子形狀的圓盤上，盤面刻有號碼1到36，以及0和00。每個非0的號碼以黑色或紅色表示，兩個有0的號碼則是綠色的。當輪盤莊家開始轉動輪子，並把一顆小圓球放在裡面，小圓球就會隨輪盤轉動好幾圈，最後會隨機停在輪盤的某一個格子中。玩家可以針對每一輪下注，你可以賭是紅色或黑色、雙數或單數，以及圓球會停在哪個數字上面。

通常輪盤上面會有一個用燈光打亮的記錄板，列出輪盤上20回合記錄。玩家相信他們可以從記錄板中得到一

些訊息。假設你在賭場看到那個大板子顯示上10個回合，圓球每次都停在紅色號碼上。一般人往往會以為，下一回合，圓球總該停到黑色號碼上了吧。

♠ 認清賭徒謬誤

　　我多次目睹這種錯誤的邏輯。在我21點事業快結束時，偶爾會和一些平常朋友（亦即不是21點小組的朋友）一起到拉斯維加斯，他們很想去見識快速運轉的賭城世界。某個週末，我和我朋友布萊恩一起到賭城，他很愛賭。那時，我還可以在滾石飯店賭場賭21點（不幸的是，現在我已經進不去了）。在我的指導下，布萊恩贏了2,000美元。那天是星期五，晚上快11點的時候，我們決定去俱樂部和朋友會合。

　　我們從牌桌起身，走向兌幣區，準備要把籌碼換成現金，這時布萊恩的目光被某樣東西吸引住了。我還來不及開口，他已經跑到輪盤賭桌旁，把他剛贏到的1,000美元籌碼放到上面，喊著「1,000元賭黑色」。我走到布萊恩後面，然後就看到是什麼吸引住他了——輪盤記錄板上有一大堆紅色號碼。再看清楚一點，我發現：那張賭桌的前八個回合，圓球都落在紅色號碼上。

布萊恩的錢已經放到賭桌上面，我已經來不及和他講道理了。莊家轉動輪盤，我們看著它轉，布萊恩這時還剩1,000美元的盈餘。感覺過了好久，小球終於停下來。

　　「紅12，」莊家宣布。

　　布萊恩輸掉1,000元，但他還有那晚從21點牌桌贏到的另外1,000元——不算是世界末日。我拉著他的臂膀，想把他從賭桌拉開，但他現在已經拉不動了。

　　「1,000元賭黑色。」他又朝莊家喊，同時把另一個1,000美元籌碼放到桌上。

　　「喂，你在幹嘛！」我問他。

　　「拜託，你沒看到嗎？這裡連開九次紅色。這次一定是黑色。」他解釋。

　　「布萊恩，你這樣做很笨。絕對沒有那種道理。前九個回合一點意義也沒有。」

　　他不理我。莊家開始轉動輪盤，他瞪著輪盤看。

　　我只好放手，無助地看著，並且懷抱一線希望，祈禱這次能開出黑色，然後我們就可以毫髮無損地結束這次災難。接著，我可以坐下來，溫和的對布萊恩解釋他的愚昧。很不幸，我們沒那麼好運。

　　「紅7，」莊家宣布。

　　布萊恩已經輸掉我幫他在21點牌桌贏來的所有錢，

但這樣還不能阻止他繼續賭。他把手伸進口袋，掏出另一個黃色籌碼，並且把它放到賭桌上，再一次喊：「1,000元賭黑色。」

我開始拜託他：「老兄，我跟你說，你這樣做很傻。我們走吧。」

他轉身對我說：「聽著，愷文。我知道你懂統計、懂21點，也懂那些數學。但輪盤不一樣。這是賭博，而我懂賭博。」布萊恩就這樣來回賭了三次，每次都輸掉1,000元，紅色號碼已經出人意料連開十三次了。

但這到底有多出人意料？你想想看，輪盤共有38個格子，其中18格是紅色數字，你就知道紅字出現的機率是18/38（47.4％），紅字連續出現十三次的機率是1/16544。所以，的確，這個結果很出人意料。但問題是，布萊恩賭的並不是紅字連續出現十三次，他賭的是黑字在一次轉輪盤中出現的機率，那個機率仍然是47.4％。

布萊恩的行為就是所謂的「賭徒謬誤」（gambler's fallacy），這種看法的定義是：**如果在某個隨機過程的反覆獨立試驗中，預期結果發生異常現象，則未來可能會發生相反的情況，將這些異常現象平衡過來。**再說得詳細一點：「預期行為發生異常現象」就是我們還沒去那張賭桌時，連續開出的八次紅字；「獨立試驗」就是每一回合轉

輪盤的結果。「獨立」在這裡是關鍵字眼，布萊恩心裡面沒有把每次的轉輪盤當成是獨立事件，因此也就沒把它當成是隨機事件。當布萊恩賭黑字會在下次出現時，這種行為就符合「賭徒謬誤」的定義。

布萊恩走到賭桌時，前八次的轉輪盤跟第九次毫不相關，因為每一次的轉輪盤都是真正的獨立事件。黑字出現的機率不會因為前面開出紅字而改變，這裡面沒有「條件機率」可言。如果我要計算黑字出現的機率，我不用知道任何與前十次轉輪盤相關的事。很明顯，轉輪盤是一種沒有記憶的遊戲，它不像21點是可以用時間打敗的。

擲骰子也是相同的道理。玩擲骰子時，擲手擲出兩顆骰子，而包括擲手在內的所有玩家都要針對結果進行押注。賭法有很多種，但最熱門的一種是單次押注，賭骰子會擲出11點，叫「捉11」（Yo 11）。贏了，就是拿十五倍賭金。這聽起來好像報酬率很高，但當你了解真正的報酬率是17：1時，就知道沒那麼好賺了。這些報酬上的差異，代表莊家有11%的優勢可以贏過賭客，但若以擲骰子最基本的賭注來說，賭場只有1.41%的優勢。與之相比，賭客玩「捉11」顯然很失策。即使如此，在擲骰子賭桌上，「捉11」是最熱門的項目。

雖然算牌並不違法，但賭場是私人產業，它們有權以

任何理由拒絕來客（稍後我們會介紹背後的法律根據）。
大部分賭場對我行使這項權利，已經明令禁止我玩21點
了。因為我幾乎在所有的賭場都不能玩21點，我現在都
和我朋友玩擲骰子。我完全明白長時間下來，我會輸錢，
但擲骰子很好玩，而且它算是對賭客最有利的賭場遊戲之
一。若賭最基本的賭注，莊家對賭客只有1.36％的優勢，
而且它可以讓大家打成一片──在你贏錢的情況下，很少
有賭博遊戲像它這麼好玩的。

在骰子桌觀察賭客是很好玩的心理實驗。擲骰子比任
何其他賭場遊戲都更容易讓人產生迷信，這讓玩家產生有
如「賭徒謬誤」般的偏見。容許玩家擲骰子，會使這項經
驗增加一項要素：讓玩家以為可以降低隨機性和運用玩家
技巧。玩家會無可救藥地以擲手的長相和他們之前擲出的
骰子做判斷，希望找到一個能克服機率的高手玩家。

有一天，我站在骰子桌邊，決定要數一數會聽到幾次
類似「賭徒謬誤」的評語。在滾石飯店賭場，我坐到自己
最喜歡的一張骰子桌，把一些1美元籌碼放到桌邊橫欄，
準備在每次聽到類似「賭徒謬誤」的話時，就移一枚到另
一邊橫欄，就像撥動算盤上的珠子一樣。

沒多久，一名穿條紋襯衫的中年人就走過來問我：「這
桌怎麼樣？」

「抱歉，我才剛坐下。」我回答。

「好吧，那我先押小一點。」他一邊說，一邊把一枚5美元籌碼放到桌上。我把一枚1美元籌碼移到賭桌另一邊橫欄，代表我觀察到第一個謬誤判斷。顯然，他很在乎這桌之前的結果。如果我剛跟他說這桌「運氣很好」，他可能會押大一點。他想從歷史窺測這桌的未來走勢，但其實，過去的歷史對未來一點意義也沒有。執棒人（the stick man）把骰子推給我，我還沒拿起骰子，那個中年人就轉過來問我：「你骰子擲得不錯吧？」

我又把另一枚1元籌碼移到另一邊橫欄，我笑著說：「希望這次擲得不錯。」在骰子桌，常看到有賭客認為有人很會擲、有人不會擲。但是，除非你是擲骰子機器（那些花幾個小時練習擲骰子的人），每個人都沒有所謂擲得好、擲得差這種問題。

我朝賭桌擲出骰子，骰子一個6點，一個1點。「贏家，7點！」執棒人宣布。

「很好，把壞運都先清掉。」我的新朋友對我說。

我又把另一枚1元籌碼移到另一邊橫欄。這個人是希望：現在擲出7點，我下次擲出7點的機率就變少，因為7點會讓賭客輸掉他們的押注。接下來十五分鐘，我又聽到三句類似的評語，我又移了一枚1元籌碼到另一邊橫

欄。我的假設得到印證。**大部分玩擲骰子的人不懂「每次擲骰子都是隨機的」**。事實是,過去擲出的骰子和未來沒有關係。

但就像我之前說的那樣,21點不一樣。如果我把四張A從一副牌中抽走,你可以得到「黑傑克」(一張A和任一張10)的機率是零。因為已經沒有A了,當然不可能有「黑傑克」出現。同樣的,假設你在賭場玩21點,而且發牌員只用一副牌,如果你有在算出現了幾張A,因為你想拿到「黑傑克」,等第四張A出現時,你大概就該離開那張賭桌了。

♠ 擊敗莊家的科學家:愛德華・索普

21點這種獨特的特性總是吸引數學家,但一直到索普(Edward Thorp)教授的研究出現後,大家才了解這種遊戲有多容易贏。索普從加州大學洛杉磯分校取得碩士和博士學位,當時專精的領域,是一個較少人注意的數學旁枝「泛函分析」。

一開始,索普對21點或其他賭博遊戲並沒有興趣,因為他很了解大型賭場的贏錢優勢。他計畫帶家人到拉斯維加斯度假,但不打算在21點賭桌上消磨時間,他把焦

點放在豐盛的自助餐、游泳池和華麗炫目的現場表演。但就在他快要前往賭城前，他同事給他看《美國統計協會期刊》（*Journal of the American Statistical Association*）裡的一篇文章，裡面講的是四名陸軍技術員的研究結果。他們花了三年證明，如果運用最佳策略，你可以把21點的賭場優勢幾乎降至零——這就是第一章提到的「基本策略」，那時這幾位技術員還在研究第一個版本。

索普原本不想在拉斯維加斯賭博，因為他知道大型賭場在輪盤、吃角子老虎這種遊戲上面的勝算，但現在他知道最佳策略可以打敗21點莊家，就決定試試看。他把陸軍技術員設計的策略抄在一張卡片帶到賭桌。此刻，索普是以科學家而非賭家的姿態，走向賭桌。

索普完全依照這些嚴格的指導方針打牌。一開始，他所做的決定看起來很怪異，而且仰賴一張手寫的小抄玩牌，所以他變成其他賭客嘲弄的對象。例如，索普把手上的兩張8拆成兩手牌，對抗發牌員的一張A；或是拿到12卻選擇不拿牌，對抗發牌員的一張4，然後對軟15加倍下注，對抗發牌員的4。索普奇怪的決定讓他看起來像極了輸家，不過，他不改初衷，繼續照著這套系統打，最後他贏得眾人喝采，也變成那張桌子上賭最久的人。索普此次坐上21點賭桌的處女作，總共輸了8.5美元，但他在牌桌

上的經驗卻引起他對21點的興趣。他假設21點莊家也許真的是可以被打敗的。

索普是麻省理工學院教授，他有1960年代大部分人所沒有的資源：一台IBM 704電腦。索普把所有資料輸到電腦，然後在三小時內，就算出打敗21點的答案。他把這份初次研究寫成論文《財富的公式》（*Fortune's Formula*）發表，索普傳奇和算牌法從此誕生。

索普光臨賭場，以常常贏錢的成績證明他的理論，他後來變成不受賭城雷諾（Reno）和拉斯維加斯歡迎的客人。他永遠改變了21點這個遊戲，並且寫了一本名叫《擊敗莊家》（*Beat the Dealer*）的書，這本書被奉為算牌聖經，同時也啟發了麻省理工學院的21點小組。

♠ 利用過去預知未來

索普到底發現了什麼？他有什麼突破？

索普的獨到之處在於：他假設每一張牌對玩家的贏面有不同程度的影響。經由模擬，他可以確實算出每一張卡的真正影響力。他用IBM 704電腦模擬，如果一副牌沒有了某些牌時，每一手牌的情形。首先，他模擬四張2都發出時，會對牌局有什麼影響。接著，所有的3都發出去，

然後所有的4，依此類推，最後，所有的A都發出去。這項研究顯示：每張牌對遊戲勝負各有特定的影響。

他的發現是：對玩家而言，2、3、4、5和6都算壞牌，10、11、12、13和A都是好牌；7、8、9屬於中性，意思是對玩家既沒有幫助、也沒有傷害。由於發出去的牌等於是告訴我們「還有哪些牌剩下來」，玩家可以經由計算桌面出現過的牌，來預測接下來的牌面組合。現在既然了解剩下來的牌有什麼影響，玩家就可以知道，「自己贏的機率有多少」。

當然，接下來的問題是要怎麼利用這項知識。事實上，答案很簡單。所有的算牌員要做的一件事就是：當自己的贏面大時，就賭大一點；贏面小時，就賭小一點或者抽手不玩。另外，知道還有什麼牌剩下來後，算牌員有時會採取和基本策略不一樣的做法。這兩樣技巧都可增加算牌員贏過賭場的優勢，而且這兩樣技巧也都只有在完全了解過去出過什麼牌時才能產生。

算牌並不是魔術，而只是一種簡單的說明，讓人了解利用過去預知未來的重要性。這個基本要素是21點小組堅信的東西，它也幫助我們建立「數據導向」的文化。我們記下每一件事情。從一進賭場開始，每位算牌員都記下每張賭桌細節，以及自己玩牌的情況。我們身上一定會帶

筆和筆記本，定時躲到吃角子機後面或躲進廁所，很快把細節記下，例如幾點幾分開始玩，下注多少錢，玩了幾張桌子，贏多少、輸多少，以及當我們坐上賭桌時，有幾個賭客已經在玩了。

每次回去之後，我們會分析這些資料，用它計算每位算牌員的薪水。它告訴我們：哪家賭場在哪個時間點玩可以得到最佳報酬，我們據此派小組成員在特定時間前去特定賭場實現最佳獲利。我們持續更新資料，追蹤每家賭場的動態，小組成員記下賭場工作人員細節，例如，「凱薩飯店」的晚班經理過去在「金殿大酒店」工作過，或是「自助餐廳附近的大夜班經理警覺性很高」等等，這些都幫助小組成員避開不必要的麻煩。另外，記下不同發牌員的習性也很有用。總之，記下的賭場資料愈多愈好。

♠ 數據導向的企業文化

任何企業若要建立自己的莊家優勢，就必須建立數據（即資料）導向的文化。企業必須主動找出並了解與他們企業相關的各種資料。我的朋友羅伯森的第一家公司「指標服務」（Service Metrics），就是最早蒐集數據並且用它量化網路使用者經驗的公司之一。他們把重點放在使用者

從事一般網站活動平均花費的時間，例如買書、買賣股票、或是打開首頁。他們在世界各地架設電腦網絡，並且下載客戶的網頁。他們計算每個活動所花的時間，然後把資料回賣給網站所有人。

這在今天聽起來好像根本不重要，但在 1990 年代，大家都是用電話數據機以每秒 14400 位元（14.4kbps）的速度上網，不像今天是用纜線數據機以每秒 1,400 萬位元（14mbps）的速度，你的網站速度就是一個很大的莊家優勢。例如，你想在邦諾網路書店買一本書，但它的速度太慢，使用者就會轉往亞馬遜網站購買。

這種速度競賽，仍然可在 Google 和 Yahoo 等極簡設計網站中見到。它們花非常大量的時間降低每個網頁所需的儲存位元組，避免這些數據位元組傳輸到位於雪梨、莫斯科等地的用戶端，以免降低一般使用者的存取速度。那些了解統計並重視數據的公司，以及重視競爭對象數據的公司（「指標服務」有一半的業務就在販賣競爭資料）現在大部分都還存在。

但僅是蒐集數據還不夠——能以創造力和創新實際運用這些數據做出決定，才是最重要的。美國職棒大聯盟「奧克蘭運動家隊」和他們的總經理比恩（Billy Beane）是最早真正把這項觀念運用在棒球上的，而他們也因此取

得優勢，勝過其他擁有更多資源和資金的球隊。運動家隊只有有限的薪資預算，卻能夠在比他們有雙倍以上預算的球隊中保持競爭力，並在2000到2003年連續四年打入季後賽。

♠ 《魔球》給下注者的啟示

在路易士的暢銷書《魔球》中，他曾慨嘆，老一輩人評估球員潛力是以球員體格（在牛仔褲廣告中看起來是否好看）為主，而不是以他們過去的成績為準。路易士和他新找來的新生代部屬發現：比起看球賽或衡量球員體能，球員過去的表現其實更能預測他未來是否可以獲勝。

《魔球》在棒球界引起兩極的看法，老派的棒球發言人摩根（Joe Morgan）把它比喻成「一群把打棒球當成是玩電玩的怪胎」。摩根過去是職棒球員，名列棒球名人堂，同時可能也是最有名的棒球評論家。他強烈反對使用統計和電腦來評估棒球選手，但他從未讀過《魔球》，因此也不了解這本書的重點——這個重點使得《魔球》成為過去十年最重要的商業書籍之一。一如路易士在《魔球》裡說的，「**重點是以統計分析把獲勝的機率朝我這方移動一點點，而不是以它來達成完美的勝利，因為那不可能做到。**」

簡單的說，即使是像棒球這樣難以捉摸的比賽，在預測未來方面，過去的資料還是很有價值。

♠ 拼湊未來的第一步：資料探勘

想用過去的資料（數據）預測未來，就必須了解「如何解讀並使用資料」。以21點為例，索普以電腦模擬的方式，實際把未來各種狀況都算出來。但是，模擬並非每次都有用，也並非每次都必要。比恩和公司尋找能預測未來的過去統計資料，這並沒有那麼難，有時只要看看龐大的過往資料，就能找出關於未來的線索。這個新資訊時代可以取得並且輕易加以操控的，正是龐大的資料。

像醫藥等產業也在仔細審視資料，期望能找到諸如心臟病、癌症和糖尿病等疾病的線索。這類研究大多屬於一個相當新的領域，稱為「資料探勘」（data mining）。**資料探勘是一個過程，主要是分析大量資料、從中尋找具統計重要性和意義的型態。**我們可以運用這些型態對未來做出較好的決定。世界上的資訊以前所未有的速度增加，因此，從這些資料中找出實用型態的機會也在持續增加。

這在醫藥業尤為明顯，資料探勘運用諸如年紀、性別、血壓、血糖含量等特性，協助找出具有統計意義的型

態，預測病人罹患心臟病的可能性。有了這些額外資訊，醫生可以做出更快、更有依據的醫療決定。

資料探勘在協助企業了解本身，也變得更加重要。「舊金山四九人隊」等職業球隊研究球迷行為和人口統計資料，藉此得知哪些季票持有人最有可能不再續購。接著，他們可以請行銷人員多花一點時間在那些客戶身上，以便充分提高客戶續購的機率，並將自己有限的資源盡可能做最好的分配。

資料探勘也應用在運動彩券業上。上一章提到，歐爾金博士的「讓分分析師」讓賭客從NFL國家美式足球聯盟龐大的歷史資料中，找出能讓他們勝過莊家優勢的統計型態。「讓分分析師」尋找諸如以下的統計型態：當他隊需對A隊讓分7分以上，而且A隊之前一直輸球，但A隊現在在自己的球場比賽，在這種情況下，A隊能贏過讓分表的型態為何？歐爾金的「讓分分析師」可以準確評估這個問題。

換句話說，如果有一支球隊在上一場比賽輸球，而且在本季的贏率小於10％，現在這支球隊要在自己球場比賽，他隊需讓他們7.5分，那麼，這支球隊贏過讓分表的機率為何？歐爾金的軟體告訴我們：1993到2006年的資料顯示這支球隊贏過讓分表的機率很高，是26：5（84％）。

歐爾金的軟體會把這個型態挑出來，因為它在統計上具有意義，亦即產生誤差的機會不到5％。

但問題就在於：當資料和計算能力都增加，我們能夠檢視的資料組愈來愈龐大，這代表愈來愈容易找到電腦認為具有統計意義的型態。

我之前提到的輪盤，便可說明資料探勘的這個難題：假設布萊恩擁有來自世界各地一年內所有賭場每一個輪盤的資料。他用電腦做資料探勘，尋找在統計上具有意義的型態。理所當然，電腦會找到紅字連續出現異常多次的型態，而且電腦會認定那並非是隨機出現的。但我們知道：每次轉輪盤都是真正獨立的事件，這是這些資料的本質。這些型態並不具有統計上的意義，因此也不能用來做預測。這個案例說明了，光靠電腦是不夠的。

♠ 量化，需要「質化」支持

讓我們回到歐爾金博士和他的美式足球賽資料，試著了解如何克服這個問題。數學告訴我們：這個主場球隊的統計型態並不是隨機的，也就是說，它並不是變異數而已。我們來看看在資料背後的東西，同時檢視資料代表的意義，它代表一群人的表現，這可不像每個月第三個星期

二晚上七點，輪盤開出二十六次紅字、五次黑字那麼簡單。這裡面可能有更多東西需要探討。

當然，聽到上述那個難以想像的趨勢後，我問歐爾金博士：「2006年以來，如果這個趨勢出現，你每次都賭主場贏的話，你會贏多少？」令人驚訝的是，他不知道答案。歐爾金不是職業運動賭徒，而是學者，只不過他對於把資料探勘概念用在運動上很感興趣。但過去的資料要能夠協助預測未來，才有價值，所以回答這個問題很重要。

對信仰統計的人來說，這是危險的領域。正因有這類未以真實情況去理解統計的宣稱，馬克‧吐溫才會引用這句名言：「世界上有三種謊言：謊言、該死的謊言，以及統計。」這句話原本是十九世紀的英國首相迪斯雷利（Benjamin Disraeli）說的，但馬克吐溫在他的著作《我的自傳選集》（*Chapters from my Autobiography*）中引用後才聲名大噪。這句話直指一般人對呈現數字的方式經常有誤解，它同時也提醒我們：宣稱這種趨勢具有意義和可預測性，但卻未能提供某種形式的「質化」（qualitative）支持，就等於在幫統計界倒忙。

那麼，我們要如何針對歐爾金所說的趨勢提出充分的質化支持，以證明採用它是合理的呢？

當歐爾金提出他的數據時，我滿腦子都在想該怎麼解

讀它。我必須更深入了解那些資料，才能找出實質的解釋。我需要了解那些資料的含意。既然NFL國家美式足球聯盟每個賽季只有十六場比賽，除非球隊在該季比賽中還沒贏過，否則很少有球隊的勝率會小於10％。因此，我們主要是在講一支連一場都沒贏過的球隊積極尋找他們該季的第一場勝利。

第二項標準是：在上一場比賽失利的球隊，通常會排除一種罕見的可能性，就是在當季連輸十場，他們會突然拼命打贏一場比賽。在那種情況下，球隊的下一週比賽可能一樣是輸。所以這種推論也是有道理的。

「這種趨勢只適用於主場球隊」的說法似乎也合邏輯。想像你屬於一支還沒打贏過的球隊，在你自己家鄉的觀眾面前──也就是你的球迷面前，你當然會發奮圖強，全力以赴。

最後一項標準是：這個趨勢只適用於至少會輸7.5分的弱隊，不過，這點主要是在講它的對手，而不是弱隊本身。一支人們認為至少會贏7.5分的球隊，可能會對一支連戰連敗的弱隊掉以輕心，而且很可能不會全神貫注於這場比賽。另外，贏7.5分是重點，因為就算強隊只贏7分，他們也會覺得球賽在自己的掌握中，沒必要努力讓贏的分數再往上加。

♠ 把「過去資料」納入你的決策過程

那麼,該怎麼運用這一點知識?該怎麼利用這項資訊做出行動?更重要的是,我們能依此建立一套致勝策略嗎?在此,我們碰到第一章提到的重要課題。這個趨勢長期來看仍是穩定的嗎?在讓分的情況下,我們可以押注主場球隊,贏過莊家嗎?

可惜,答案並不如我們的21點策略那樣明確而直接。但如果你賭運動彩券時利用此種資料,這會是提高勝率的重要一環。換句話說,就像路易士在《魔球》中說的,「運用這些統計,一定會提高你的勝率,但統計沒辦法使你的結果完美。」

重點是:把過去資料納入決策過程,會讓結果變得更好。不管是哪個行業,將這句話奉為圭臬的人,在新資訊時代裡將擁有競爭優勢。

現在讓我們把焦點從運動業轉到每天影響所有人的行業,看看分析在零售業扮演的角色。零售業者如「布克兄弟」、「梨米緹」都運用資料和分析取得競爭優勢。多年以來,這類零售業者一直都在蒐集他們銷售的資料,現在他們終於能充分利用這些資料的潛能了。他們首先做歐爾金博士那類的資料探勘,然後再分門別類納入其他資訊,因

此可以更精確預測，提升業績。舉一個很好的例子，他們現在能以正確細項分類，對不同門市提供正確服飾。這其實很複雜，因為不是一種尺碼、一種細項分類，就能適用於所有門市。

現在來說一點背景資料：十五或二十年前，有中央計畫控管的服飾連鎖店或百貨公司服飾零售品牌，會定期配送相同的服飾和尺碼到旗下門市，有時他們甚至不會對服飾類別加以區隔。例如每家連鎖店會收到一模一樣的襯衫分類（比方說，25件小號，25件中號，25件大號，25件特大號，總計100件；每款襯衫有三種領子：領尖扣／寬角領／標準領，以及兩種布料款）。Polo衫也會收到相同的尺碼分類，每種尺寸有數種顏色（比方說，藍色、紅色、綠色、白色）。這樣一來，就有500件以上的襯衫配送到每家店面銷售。結果呢？有些店賣光了一、兩種尺寸和顏色，其他沒賣掉的只好打折賣。這就是為什麼你小時候老是穿難看的綠襯衫，那是你的老媽在店家打2.5折清倉大拍賣時買下的。打折促銷愈演愈烈，吃掉獲利。

零售店不得不採用簡單分析（集結過去的資料，然後取平均值）來應對，他們採取由上而下的店平均值。如果去年在襯衫方面，他們平均賣掉10件小號，15件中號，30件大號，45件特大號，那麼下一年度，它們就會完全

照這個數字配送。這個結果會比往年好一點，某家店去年有122件小號襯衫做清倉拍賣，今年可能只有20件。從拍賣的角度看，這當然有改善，但有些店仍會賣光某些尺寸和主流顏色，因此，顧客的需求無法得到滿足。那些想要主流尺寸或顏色，但來遲了的顧客，只能失望地空手離開。自然，這會損害顧客對品牌的忠誠度。

因此，零售業者把過去的資料應用提升到下一個層次。他們利用更複雜的預測分析，找出每家連鎖店不同的銷售型態和趨勢，確保正確的服飾分類會配送到每家門市，以符合每家門市的顧客需求。這是怎麼辦到的？這靠的是零售業者幾十年來在他們的系統中蒐集到的資料——例如，銷售點、存貨、訂貨，以及行銷和定價歷史。

就像歐爾金對他的美式足球資料庫做探勘，聰明的零售業者也對他們的系統做探勘，他們從中可清楚看到：貨品是如何從供應鍊轉移到零售店（從原價櫃到拍賣櫃）。以上述的襯衫為例，零售業者檢視歷年的銷售資料，了解哪些襯衫在何時、以何種方式賣掉。然後，再把這個歷史與同一張收據的其他購買品連結在一起，這樣，零售業者就得到除了襯衫，還有賣掉哪些東西的「購物籃」分析（例如，每賣掉一件襯衫，就同時賣掉兩條領帶和一條休閒褲）。單是這項資訊在改善貨品分類和庫存上面，就有很

高的價值，但這只不過是整體應用的一小部分而已。

更厲害的零售業者還會把系統之外的其他資訊納入，以一窺全貌。加入的資訊包括：個別商店周邊的人口統計（年齡、性別）、行為資料（使用情況和忠誠度），以及人口心理特質（興趣和生活方式）。他們會將經濟和市場趨勢（在今日的經濟局勢下，這非常重要）、天氣預測，以及會影響當地和世界銷售情況的事件納入分析。這種整體觀點，讓零售業者能更正確預測未來的銷售趨勢。

零售業者利用分析模式計算出來的所有資訊，做出門市、產品和顧客資料檔，然後再依商品販賣的各項共同變數，將這些資料檔重新組合，這也稱為「集群」（clustered）。以襯衫為例，零售業者也許會發現：在1,500家門市中有55家門市彼此有共同的銷售特性，但它們和其他門市並沒有共同點。

利用特定門市資料，零售業者知道：某家門市的襯衫銷售集中在五種顏色、三種布料的中號和大號襯衫。然後再加入額外資料，從門市自己的顧客資料和已經取得的第三方人口統計及人口心理特質資料，零售業者可以發現為什麼此種銷售情形會發生，這和我們斷定，為什麼主場球隊會在歐爾金的統計中經常贏過讓分表，兩者是類似的。也許那些門市座落於有高比率二十一至三十五歲年輕男

子的地區，他們每個月到店裡消費二到三次，而且對健身和流行男士服飾有興趣（因為《男仕健身》(*Men's Fitness*) 和《GQ》雜誌在該區有大量訂閱量）。

了解這些之後，系統會建議門市採購員，他們的「標準」尺碼分類應該大幅集中在中號和大號，而且在這一「集群」裡的某家特定門市，應該配送15件小號、60件中號、75件大號，以及30件特大號襯衫。另外，那些襯衫應該要走在流行尖端的（最新款式），並有四種不同顏色（薰衣草紫、酒紅、黑色和淺乳白）和三種布料（平織、光面、斜紋）可供選擇。銷售量較小的門市也許配送的數量較少，但配送的種類比例卻是相同的。客戶較保守或年齡層較大的門市，也許需要完全不同的襯衫種類配送，有某類襯衫根本不會配送到那裡。

請注意：分析可以補充採購員技巧的不足，但不能取而代之。如果類別選對，但產品選錯，門市還是一樣會業績不佳。但如果採購員選對了，分析能大幅增加「贏面」，而如果採購員選錯了，分析能降低損失。

為什麼要大費周章做這些分析，以確保門市有正確的產品種類可賣呢？最近的研究顯示：**降低「沒有庫存」和「折價拍賣」的數量，可以增加門市銷售額和獲利**。有一個個案研究顯示：每家門市可因此增加3,850美元的銷售

額和2,150美元的獲利。和所花的功夫相比，這似乎是蠅頭小利，但如果把這個增加的幅度擴展到所有的連鎖店，結果會變成：光是一種服飾類別，亦即襯衫，就可讓銷售額增加616萬美元，獲利增加344萬美元。以上只是襯衫而已，別忘了還有領帶和休閒褲，它們通常是跟著襯衫一起賣掉的。零售業者有幾百種服飾類別，從男人襯衫到女人洋裝。類別快速增加，獲利也隨之增加。**懂得審視歷史並用它預測未來的零售業者，會取得具競爭力的市場優勢，一如算牌員以過去的資料在牌桌上得到競爭優勢一樣。**

我們在擔任算牌員時得知，資料和過去的資訊對於預測未來有多重要——這也可直接應用在企業上。組織裡的各個層級可以用它制定出較好、較明智的決策。不管你是想打敗21點莊家的算牌員，或是想知道是否該賭主場球隊贏的運動彩券賭客，或是想降低打折拍賣數量的零售業者，幾乎都可在資料當中找到答案。

對於算牌員來說，**資料——過去——就是唯一重要的東西**。知道過去有哪些牌出現，就是勝過「莊家優勢」的關鍵。這項根本教訓，為我們極度數據導向的文化提供基礎。加強這種數據導向文化，是我在個人職涯中一直在宣揚的東西。

這是算牌教給我們的根本原則。資料很重要,企業組織應把它奉為圭臬。所有的決定都應該把資料納入考慮。挑戰自己,把資料用在所有可能的情境上。創造擁抱資料的文化之後,你連從未想過要問的問題,都能找到解答。

當你試圖在生活或事業中創造莊家優勢時,想想你有哪些歷史資料可用。很可能你已經收集了這些資訊,只是你沒注意到,或沒去用它而已。一般的21點玩家罔顧過去出過的牌,但索普的突破讓我們了解不能忽略此項資訊。同樣的,當零售業者不再忽略過去的資料,並且深入探索資料,找出能產生獲利的關鍵決策點時,就得以大幅改善獲利。

如果你身邊沒有資料可用,那麼最好盡快建立一個架構,開始蒐集資料。這聽起來好像很難,但這是朝向加強決策的第一步。有多一點資料可用來做決定,顯然比少一點資料好,而且愈早開始蒐集資料,就愈快能夠做出更好的決定。**你應該問自己的兩個關鍵問題是:我希望得到哪些資料以做出更好的決定?以及——我如何從可靠的管道取得這些資料?**

當你開始思考資料的重要性,以及它在你的生活中扮演的角色時,想想你寧願自己扮演哪個角色——是訓練有素的算牌員,胸有成竹地坐在21點牌桌上,知道發牌員

手上還有很多10點和A的牌？還是愚蠢的輪盤玩家，僅憑一線希望，期望下一回輪盤能開出黑字？

第三章
建立莊家優勢的第一步：
像科學家那樣思考

> 「伊莉，妳是醫生，是科學家。妳得像科學家那樣思考。」
> —— 電視影集《實習醫生》（*Grey's Anatomy*）

　　有些人希望我針對「如何在21點牌桌上獲勝」提供意見，他們最常問的問題之一是：「你怎麼處理那些跟你同桌一起玩的人？」

　　「你是指什麼？」我有時會反問。

　　「就是，如果有個同桌的人把事情搞砸了。」

　　這時候，我喜歡假裝聽不懂，這樣他們才會把想說的話說清楚。「你說『把事情搞砸了』是什麼意思？」

　　「唉，比如說，如果有個笨蛋不應該拿牌，但他卻拿了，結果拿到一張12之類的牌，如果他不拿的話，發牌員就會拿到那張讓自己爆掉的牌。」

　　他們是指：21點牌桌上，有人不依基本策略玩牌，在不該拿牌的時候拿牌。而那個「笨蛋」恰好拿到一張

10，因此爆牌，他那手牌當然就輸掉了。接著，發牌員翻開她的暗牌，是10，她共有16點，因此她發給自己一張牌，拿到5，變成21點。大部分人會認為賭桌上那個拿牌的笨蛋害慘了大家，拿了本該是發牌員拿的10。如果那個笨蛋做他該做的事，不拿牌，發牌員就會拿到10而爆牌。那麼，這張賭桌的每個人就都贏了。

♠ 確認性偏誤

但這個邏輯有個問題。假設那兩張牌對調，那個笨蛋拿到的是5，他的手牌變成17。然後，發牌員拿到10而非5，爆牌了。在這種情形下，那個笨蛋的決定還是一樣蠢，但卻拯救了這張賭桌的人。

問我這個問題的人，表現出一種叫「確認性偏誤」（confirmation bias）的行為。

他只記得那個笨蛋和他的決定傷害他的時候，但卻忘了讓他獲利的時候。如果你客觀看待那種狀況，你會知道：撲克牌是隨機摻和在一起的，那個笨蛋做的事是有害、還是有利，也同樣是隨機的。

相同的規則也適用於企業策略。在你周遭，別人會做出決定，而那些決定所帶來的結果也各不相同，但不管怎

樣，你還是得朝著你的目標前進。在我搬去芝加哥到歐康諾公司上班時，伊利諾州埃爾金市的「維多利亞大飯店」賭場距離我只有40哩而已。那時我幾乎每個週末都到那裡玩，在21點牌桌上消磨掉無數個小時。

有一句老話是這樣說的：「距拉斯維加斯愈遠，賭客水準就愈低。」在埃爾金，這句老話算是形容得恰到好處。可以理解的是：大部分賭客並不懂「基本策略」。他們也許試圖運用一些常識或直覺，或是其他策略，但重點是那些都不是基本策略。**當你照著基本策略打牌時，你會做出一些在數學上正確，但卻和直覺相牴觸的決定。有時候，數學會叫你做一些奇怪的決定，以充分提高你的機會。**

某個週六，我和三名從波士頓飛過來「出差」的小組成員在埃爾金一起打牌。我們出差的地點不是會議室或貿易中心，而是像「維多利亞大飯店」那樣的賭場。整晚幾個小時下來，我沒什麼輸贏，但心裡很想贏點錢，這樣就可以收手，然後去喝一杯。因此，當我一收到朋友湯姆叫我到他那桌去的暗號時，就已經迫不期待地想賭大一點。我走到那桌，聽到湯姆轉頭對他左邊的女士說：「你的戒指真漂亮。」

我側身挨到桌邊，同時摸摸鼻子，代表我知道湯姆的讚美其實是說給我聽的。「戒指」是我們的暗號之一。湯

姆真正的意思是：那張賭桌的牌已經算到14。我看一眼那些放在牌盤上已經發過的牌數量，估計自己應該賭兩手牌，而且這張賭桌允許的最大注金是2,000美元。當我要把籌碼放到押注圈時，我左邊一個頭戴「芝加哥小熊隊」球帽的男人說話了。「嘿，老兄，我們玩得正順，麻煩你等她重新洗過牌之後再加入好嗎？」

　　他這個要求不算奇怪，尤其當賭客很迷信的時候。可是如果依他，我就會毀掉我們小組的策略。如果我等發牌員重新洗牌再玩，一切得重頭開始，我會喪失贏過賭場的優勢，湯姆之前給我的資訊也沒用了。算牌算到14，代表我有比賭場多2%優勢可以贏牌——我必須立刻下場玩！

　　「抱歉，老兄，我感覺我這把會很順；我現在就要玩。」我一邊說，一邊把兩疊2,000美元籌碼放進兩個賭注圈中。

　　「有錢的混帳。」小熊迷嘀咕。

　　發牌員對她面前發生的爭執無動於衷，她發給我一張A和一張10，這是我拿到的前兩張牌。緊接在我後面，她發給小熊迷一張5、我朋友湯姆一張6、那個戴戒指的女人一張10。

　　小熊迷立刻做出反應。「你看吧，你拿到本來該屬於我的A，讓我們拿到本該是發牌員的6。」他指著湯姆的6說。發牌員繼續發出第二輪的牌，那個小熊迷試圖重寫歷

史，他的論點是：如果我剛剛不坐下來玩，他會拿到第一張A，而湯姆拿到的那張6會是發牌員的牌。

我沒搭話。我想如果我不理他，也許他會閉嘴。結果，第二輪派出的牌封住了他的嘴。我的那手A拿到一張7，並且拿到一張黑桃配我的10，那個小熊迷拿到一張6配他之前的5。發牌員繼續發牌，然後發牌員掀開自己一張牌，是6！這時，世界的一切變得美好。

現在小熊迷的起手牌就是很棒的11，對抗發牌員的6，這是再好不過的了。但他現在嘴上既不說好，也沒道歉。我要做的一件事就是：我和他不必太快和好。

我把另一疊紫色籌碼放到我的A和7旁邊，然後告訴發牌員：「我要加倍下注。」我猜，如果小熊迷那時手上有槍，他會直接對我開槍。「你在幹嘛？」他簡直是用尖叫的。

「我要加倍下注。」我認真回答，好像他還不知道似的。

「你以前沒玩過這個遊戲嗎？你已經有18點了。」他提醒我。他的意思是：他認為我犯了基本的策略錯誤。但事實上，這時對軟18加倍下注絕對是對的，這是我會不加思索做的事。

「老兄，別太貪心，把10點的牌留給我。」他乞求。

我抬頭看看發牌員，希望她能快點發下一張牌。她發

牌了，而小熊迷渴望的10點牌一直沒出現。反而是另一張A發到我之前的A和7的那手牌，結果變成很高的19點。小熊迷這下子不說話了，因為他知道：如果我不加倍下注，他會拿到A，那他的總數就會變成很糟糕的12點。

「11點的先生？」發牌員看著小熊迷說，等他表示下一步動作。小熊迷把另外25元籌碼放到他第一個25元籌碼旁邊，表示他也要加倍下注。發牌員發給他一張老K，讓他的1點變成無懈可擊的21點。

「感謝主，還好還剩下一張10點。」他說，但顯然他還是有點不爽。湯姆和戴戒指的女人都選擇不拿牌，發牌員把她的暗牌掀開，是一張5，配上她之前的明牌6，總數變成危險的11。「老天！」小熊迷又開口了，但這次緊張得幾乎說不出話。他還來不及再叫一次主或老天的名字，發牌員已經給自己發了一張A，總數變成12。因為她還不到17點，她必須再給自己發一張牌。更刺激的是，下一張發出去的不是正常的牌，而是代表「鞋子」（shoe）*尾端已到的黃牌。發牌員不受黃牌影響，她冷靜地把黃牌擺到一邊，發下一張牌給自己，是一張10，她變成22點，

---

* 技術上，「鞋子」指的是放有六副撲克牌的發牌機，撲克牌是從發牌機發出來的。但一般而言，它指的是六副撲克牌的總和。鞋子尾端指的是這六副牌的最後幾張牌或幾手牌，在這之後，發牌員就會重新洗牌，重頭開始。

爆牌了。賭桌上的人笑逐顏開。

　　當發牌員遞給我6,000美元籌碼，給小熊迷50美元籌碼時，小熊迷一反常態，安靜得很。我從賭桌起身，因為我看到賭池另一邊的隊友在對我打暗號。我把籌碼收一收，準備走開。走沒五步，我聽到小熊迷在對湯姆吐苦水。「真是混帳一個。」他抱怨說。

　　湯姆熱烈回答：「沒錯，是個大混帳。下次他再來，我們都不要玩，讓他自己一個玩。我們不需要那種人來搞砸我們這桌。」我自顧自地笑了，因為湯姆和我都知道：他這是在為我們預設非常有利的情境。如果當湯姆叫我回來時，他們都不玩了，我就有難得的機會自己獨享所有的好牌。基本上，我是等湯姆和牌桌其他人吃掉所有的壞牌後，我再加入，享用好牌。我同時也是在笑湯姆對小熊迷的「確認性偏誤」搧風點火。雖然在我加入後，那張賭桌的每個人都贏了，但小熊迷一定不會記得這個部分。他會記得的部分、而且一定會回去跟他朋友一提再提的是：有個有錢又貪心的混帳，中途加入他的賭桌，拿走他的A。

　　「確認性偏誤」絕對不會只在21點賭桌出現。只要用錯誤憑據去證明錯誤觀念，就會產生「確認性偏誤」。**這是人類天性裡一個奇怪的特質：我們會自然而然去關注支持自己觀點的資料，而忽視和自己觀點衝突的資料。**這也

就是為什麼當要確認一個理論或假設時，建立一個真正全面、分析的方法非常重要。當我們看到一組資料編造出能提供解釋的故事時，很自然就會有「確認性偏誤」的反應。但不幸的是，有時我們把焦點投注在故事本身，而不是實際的資料，結果不自覺地接受那些符合自己想法的資料，而忽略和自己信念相牴觸的資料。

舉例來說，如果有人認為，21點牌桌的笨蛋賭客所犯的錯誤和所使用的錯誤資訊一定會傷害到好的玩家，這個人不妨先放下這種確認性偏誤，並嘗試以周延、具分析性的方法去檢驗他的理論是否正確。他的第一步是收集有意義的資料，他可以帶一枝筆和筆記本到牌桌，然後每次有笨蛋同桌，他就記下到底發生什麼事。如果笨蛋的決定有幫助，他可以記下「1」，如果有傷害，就記下「-1」。

當然，此處的資料收集可能需要做得稍微複雜一些，或做得更細緻一點，但簡單講就是：當資料收集完畢後，他可以得出一個客觀的歷史，從中做出結論。換句話說，他不會只有一個主觀版本。

如果每個人做事都如此謹慎，我們的世界就不會有「確認性偏誤」，大概也不會有未經證實的「陰謀理論」等其他荒謬之事了。**大部分陰謀理論其實就是「確認性偏誤」的例證——本來聰明的人卻忽視事實，編造自己版本**

的歷史去證明戲劇化的假設。例如，911事件是布希人馬搞的鬼，或我們從未真的登陸月球。當然，這兩件事都有許多還找不到答案的疑問，但陰謀理論家最大的分析瑕疵是：**他們把焦點全放在支持某論點和某偏見的事實上。**

提出疑問的人若忽視「笨蛋的錯誤決定有時候是有幫助的」，他們就犯下了和陰謀理論家相同的錯誤。陰謀理論家只採用支持「布希陰謀理論」的事實，也就是說：五角大廈周圍幾乎看不到飛機殘骸，而且不知道飛機的機翼出了什麼問題。但這跟齊采摩（Allyn E. Kilsheimer）的報告是牴觸的。齊采摩是77號班機墜毀後第一個抵達五角大廈的結構工程師，他的報告說：他看到建築物外觀有機翼擦過的痕跡，而且撿到標有航空公司標誌的飛機殘骸；他還說他手上握著的是機尾部分，甚至還找到了黑盒子。

當然，陰謀理論家不會理會這些事實，因為這些事實不能證明他們的理論。

雖然把賭客的迷信行為和陰謀理論家的行為相提並論，似乎有些太過，但這裡的重點是在闡釋，「依據不完整或錯誤的資料做決定是危險的」。如果陰謀理論愛好者實際作記錄，並承認所有的資料，他們對自己想法的堅定性，可能很快就跟自己想法的合法性一樣煙消雲散了。

♠「確認性偏誤」導致的企業災難

陰謀理論可笑的地方講完了，讓我們回到主題。如果企業領導人落入「確認性偏誤」，並且讓它影響他們的決策，那麼情況會變得很糟。

身陷歷史上最大公司醜聞風暴中心的安隆（Enron）執行長史基林（Jeff Skilling），很顯然是確認性偏誤的受害者。在審訊過程中，兩名安隆前任經理指證：史基林幾近病態性地拒絕收集所有的「事實」。

原本是公司公關高層主管、後來擔任公司祕書長的蕾克（Paula H. Rieker）說，當史基林提供造假的資料給分析師時，她因為害怕他的反應而沒有糾正他。她在聯邦審判庭上的證詞說道：「以我之前和他互動的經驗，我相信他不想讓人糾正他。」此外，安隆研究部總監卡明斯基（Vince Kaminski）經常對公司問題重重的金融措施提出警告。他本來和史基林交情很好，但後來他們的互動變少，因為卡明斯基發現「和他爭論這些不太有用」。

他們的證詞說明：史基林似乎只想要那些符合他想法的資料和意見。在後來的審訊中，史基林自己的證詞也無疑地暴露出自己的錯誤。史基林透露，他「愈來愈想尋找能印證他信念的東西」，而不去聽那些「說公司有問題」

的話。

2001年6月，安隆涉足剛解禁的加州電力市場，史基林希望能確保安隆在這塊市場的操作是非常令人滿意的。他跟安隆的律師山德斯（Richard Sanders）說，公司必須「完全合法，無懈可擊」。為了強調這點，他還重述：「再說一次，我們完全合法，無懈可擊，對吧？」

但即使聽到安隆的交易手段實屬市場操縱，史基林還是繼續要山德斯給他保證。山德斯的答覆是：法律部門一發現交易策略有問題時，就下令禁止那些策略。這讓史基林再一次感覺安心，他認為這樣就沒問題了。他再一次問道：「很好，所以現在我們一切合法，無懈可擊了吧？」

史基林一心一意想維護他心目中完美無缺的安隆形象，以致於對很多可能明顯牴觸的事實置之不理。他不去看其他的資料和觀點，相反的，他只看那些能支持他「確認性偏誤」想法的資料和觀點，結果引發史上最大的公司醜聞。

也許因為人類還有個天性，那就是每當出了大事情，就想找出老鼠屎，而不會去思考：也許是整個公司制度本身有問題，所以我們全都想把史基林想成是心機很重的壞蛋。但事實上，大環境的問題很多：誘人的獎金、讓股價膨脹的壓力來自四面八方、想忽略困難和事實的人類慾

望。換句話說，真正的問題應該是環境不好，而不是人品不好，但史基林的「確認性偏誤」讓這種情況加速惡化。

那麼，我們要如何避免確認性偏誤呢？以史基林為例，他應該聽從身邊專家的意見，因為他聘請他們，是要聽取他們考慮周詳的不同意見。**他應該聽從他們的警告，接受那些衝突性的資料，而不是拒絕它們。**

研究顯示：人們傾向尋找能支持自己信念的資訊，而非考慮和自己信念牴觸的證據，而且前者的可能性是後者的兩倍。所以說，想避免這種傾向並非易事，畢竟它是我們的天性，但企業若要獲得長遠的成功，避免這種傾向是非常重要的。

商業專家支持的組織架構，是要能夠讓資訊在主管和那些熟知問題的成員之間自由流通，其中的邏輯很簡單：讓組織裡的更多成員能對策略性決策做出貢獻，以確保決策中納入更多資訊、而非較少的資訊。

♠ 投資人該如何避免「確認性偏誤」？

以投資為例，確認性偏誤會害你抱著爛股太久。專家建議幾項可令你以嶄新角度分析你投資選擇的訣竅。美盛資金管理公司（Legg Mason Capital Management）首席投

資策略分析師莫伯森（Michael Mauboussin）建議，**在做出投資決定之前，先想一想「這是錯誤決定」的可能性有多少。**也許你的決定有20％的可能性是錯的。如果你能這麼想，當投資不順時，你會稍感安慰，因為那是你預估中五次錯一次的失誤，這樣，你就比較能承認錯誤。

另一項建議的做法是：**預先設定好策略。**在買進股票之前，寫下可能促使你改變交易策略的因素或事件。例如，你決定買進蘋果公司的股票，但也決定：如果蘋果執行長賈伯斯不再掌管公司的實際運作，或是微軟開始和iPhone競爭，你會賣掉你的蘋果股票。如果以上任何一項事情發生，而你的股票也開始下跌，你就比較容易做出停損，因為你早已承諾要照著那種決定來做。

以上這些都只是心理練習，用來讓你做出客觀、數據導向的決定。但你不需弄得很麻煩，而只需要規範自己收集所有的相關資訊，並且用這些資訊做出明智的決定。本章一開始，我對問我問題的人拋出的挑戰是：改進他的資料收集過程，並實際記錄同桌另一名賭客每個「錯誤」決定所造成的結果。有了較完整的資料，他就不會一直擔心同桌的笨蛋了。

同樣的，史基林應該多花一點時間和員工相處，並且記下他們的擔憂和關注。也許他可以用一種較能讓他保持

客觀的方式，把新的資訊分類。那可以很簡單，例如讓員工投票表決有沒有舞弊，或許就能幫他克服他的確認性偏誤。

在最近一項運動研討會中，休士頓火箭隊總經理莫雷（Daryl Morey，我們稍後會更進一步談論此人）說起他公司的組織哲學。「我會雇用那些挑戰我觀點、並且不害怕跟我辯論他們觀點的人。」莫雷和史基林不同，他歡迎持不同意見的人，這點幫他免於墮入確認性偏誤。

這些說起來容易，做起來卻不然。當然，我的立場是21點的完美世界塑造出來的——在21點裡，數學可以輕易證明：確認性偏誤不過是騙局。試著檢視大局，而非只看自己的特定偏見，這點不管在21點賭局或在商場上都非常有價值。

在上一章，我們討論到運用資料和歷史做決定的重要性，但確認性偏誤的小故事提醒我們：對過去的認識有限，比無法把過去納入考量還要糟糕。任何無法囊括全局的歷史都會產生很多問題。

♠ 選擇性偏誤

另一個類似的危險偏見，是「選擇性偏誤」（selection

bias）。第二次世界大戰就有典型的選擇性偏誤案例。美國空軍評估在戰火中受損的返航飛機，結果發現：飛機某些部位受敵軍砲火損害的情況比其他部位嚴重。分析返航飛機機身上面的子彈彈孔模式後，他們決定加強這些部位的裝甲，使飛機更能抵禦敵軍的砲火攻擊。

這聽起來很有道理，但他們的分析有一個很明顯的問題存在。他們只看到成功返回基地的飛機，也因此只看到受砲火攻擊的一部分飛機。而且更糟的是，他們沒看到的飛機才是更重要的樣本所在，因為那些飛機受損太嚴重了，以致於無法成功返回基地。檢視那些飛機才是最迫切的，因為那樣才會知道飛機哪些部位是最需加強的。

他們的錯誤很明顯是選擇性偏誤，因為他們只檢視一些挑選出來的資料，並且據此做出不正確的結論。倘若商業分析師只從成功企業或成功領導人之中尋找成功的因素，他們也會犯下類似的錯誤。倫敦商學院策略暨國際管理學教授莫慕倫（Freek Vermuelen）就指出選擇性偏誤的危險性，他說「創新計畫需要異質性跨功能部門團隊」是一種迷思。這種迷思會存在，是因為分析顯示，「突破性的創新計畫通常都是由那類團隊創造出來的」。

但有些專家持反面看法。他們認為，「異質性跨功能部門團隊」該為歷史上一些最重大的挫敗負責。但是失敗

的團隊沒有產生任何成果，而只檢視成功的創新案例會把失敗的異質性跨部門團隊排除在外。這種分析所提出的結果，會偏向由異質性跨功能部門團隊創造出來的重大成功，而對重大失敗視而不見。但事實是，「平均而言，同質性團隊雖然沒能造就出少數非常傑出的偉大發明，但可能會做得比較好；總是能創造出可靠、良好的結果。」

當我們檢視創造成功領導人的要素時，「選擇性偏誤」（有時也稱為「倖存者偏誤」）所帶給我們的教訓便顯得重要。想想威風凜凜的奇異公司（GE）執行長威爾許（Jack Welch）——他喜歡冒險，憑直覺而非仔細分析行事，但卻因為帶來各式各樣的成功而經常備受讚譽。但是，風險的定義是：它讓有些人成功，也讓相當多人失敗並從此消失。重申一次：**從來沒有人告訴我們那些失敗的案例，我們只看到那些成功的人，也就是那些「倖存者」**。根據隨機變異數原理，有些愛冒險的領導人會取得勝利，但可惜我們的選擇性偏誤會讓我們無法得知，那些領導人的態度是否是促使他們成功的因素。

同樣的，如果美國空軍檢視所有的飛機，而非只關注那些倖存下來的飛機，他們可能會對飛機哪些部位需要加強得出非常不同的結論。如同確認性偏誤，選擇性偏誤也是很好的警示例子，它告訴我們：為什麼只看過去的資料

是不夠的——你必須檢視過去所有的資料。選擇正確的資料樣本，和一開始決定利用資料可能同等重要。

♠ 讓贏的機率越高、輸的機率越低

那麼，怎樣才能確定你檢視的是「正確」的資料呢？最簡單的答案是：**你必須確定你看的是所有的資料，而不是資料的一部分。**

要做成功的算牌員，我們必須看到所有已經發出去的牌。我們不能只是走到一張已經玩過四回合的賭桌，然後開始算牌。同樣的，我們擁有一個確切執行的客觀策略，而且不會被任何主觀想法左右，不管那個想法是否真的具有實際的預測價值。我們知道自己蒐集的資料——也就是我們算的牌——能真正幫助我們預測自己贏或輸的機率。

現在我們來找一些蒐集資料的規則，幫助你免於犯下常見的錯誤，我們從一些能幫助你避免上述偏誤的規則開始。要避免確認性偏誤，很重要的一點是：客觀檢視所有資料，而不是只看那些能支持你假設的資料；要避免選擇性偏誤，你必須有一組全面性的資料，而不是一組有意或無意間排除某些族群的資料。以上這兩項的經驗法則都是：**檢視的資料愈多愈好。**

♠ 判斷資料的「預測價值」

但這裡會碰到一個有意思的問題。並不是所有的資料都有相同的份量。事實上，有些資料——即使本質上既客觀又具整體性，也可能只有很小的預測價值。但「預測價值」卻是我們希望從資料得到的主要特質——資料必須能幫助我們預測未來。

有些資料客觀、具有整體性，但卻只有很小的預測價值，其中一個很好的例子就是全球的職業球賽。假設我們給一位NFL芝加哥熊隊的球迷一項新任務，要他告訴我們美式足球隊的成功要素是什麼？若他相信本書所說的內容，他便會了解，要回答這個問題，第一步就是檢視過去的資料——他看美式足球賽已經看了很多年，有某些先入為主的觀念，但他現在已經了解什麼是「確認性偏誤」，知道他必須盡量客觀地檢視蒐集到的資料。而且他還了解，若只看成功美式足球隊的資料，會讓他掉入「選擇性偏誤」的泥沼，所以他決定不管球隊成績如何，一律檢視所有球隊的資料。

他發現：「跑陣次數」和「贏球」之間有很高的相關性。從1995到2008年之間，那些在一場球賽中由球員持球跑陣次數超過三十次的球隊，獲勝次數的比率是

84％，但是那些由四分衛把球丟出去超過四十次的球隊，獲勝次數比率只有28％。這可由這段期間內的傳球次數（-0.16）和跑陣次數（0.55）與獲勝之間的相關係數得到印證。

所以，我們的資料顯示：嘗試較多跑陣的球隊贏得較多比賽。但這個發現有用嗎？我們可以說，每次比賽使用跑陣策略會讓球隊有較大的贏面嗎？當然不行。事實上，夏茲（Aaron Schatz）是最先對美式足球進一步分析的人之一，他挑戰此種宣稱，他問：「有沒有可能是倒果為因了？贏面大的球隊用跑的，也許是因為他們正在贏球，而不是因為用跑的，所以贏球。」夏茲不看整場比賽的跑陣，而只看上半場的跑陣。他發現：上半場的跑陣碼數，和贏球並不相關或只有很小的相關性，只有在他納入下半場的跑陣之後，跑陣和贏球的關聯才增強。

這足以讓夏茲做出結論：跑陣雖然和贏球相關，但它們之間沒有因果關係。用跑的帶球不會讓你贏球。它只是贏球的副產品，因為當你領先時，你想用保守的方式把時間消耗掉。

了解因果關係和相關係數的差異，是非常重要的一課，因為它是了解資料有沒有「預測價值」的關鍵。如果你把因果兩個字拆開，就比較容易了解差異所在。因果關

係代表：事件a造成事件b，例如，抽菸造成癌症。抽菸和癌症之間是有因果關係的；它們也具相關性，因為抽菸的人有較高的罹癌比率。相關性只是代表兩個變數之間有一種相互關係。

但兩個事件也可能只有相關性，但卻沒有因果關係。例如，很多人既是酒鬼又愛抽菸。這兩樣行為常常一起出現，因此，它們有相關性。但是，抽菸不一定讓人變成酒鬼，反之亦然。

那麼，這和信仰統計有什麼關係呢？

對有些人來說，因果關係和相關性的差別，幾乎像是在爭辯信仰一樣。這和第二章提到的「資料探勘」有關。在過去幾十年當中，統計分析分成兩個陣營──電腦派和統計派。電腦派傾向把焦點集中在資料探勘，並且從中尋找具相關性的統計型態。他們遇到的問題是：資料日益龐大，電腦可以很快用不同方式分析資料，但統計型態可能僅是因為電腦檢視了一組龐大的資料而出現，而且這些型態可能被誤解成是由某個基本原因導致、而非隨機出現。電腦派不一定會去關心他們找到的關聯性是否具真正的因果關係，但統計派則相信建立模型和測試的力量，這兩者都獨立於龐大資料運作之外。

歐爾金博士和他的「讓分分析師」尋找美式足球賽中

具有相關性的變數。以第二章提到的屢嘗敗績主場球隊為例，我們看到造成某一種趨勢的很多不同因素。這些因素和那個趨勢都有相關性，但它們是否互為因果關係呢？電腦派人士一般會認為這不重要，因為它們有顯著的統計相關性。但統計派人士絕不會只是單純地接受這種說法。他們會想要用獨立試驗或是用該季其他資料建立模型，另外找方法測試這個理論是否真的成立。

　　這裡真正重要的是：你觀察到的型態或相關性是否具有某種預測價值？畢竟，我們真正關心的是，找到的關係是否對預測未來有幫助。

　　這和企業根據人口統計學和消費心理學，把消費者做區隔很類似。現代企業擁有大量資料及複雜的電腦軟體，能夠找出哪些特性和最佳顧客有關，但我們無法立刻判斷這些關聯是具因果關係，抑或只有相關性而已。不過，在某些方面，我不確定那是否是重要問題。例如某支職業美式足球隊想知道在比賽那天，哪些球迷能為球隊帶來最多收益？行銷人員檢視資料庫之後發現：球隊最大的收益來自那些騎腳踏車上班的球迷。再仔細分析資料，他們又發現：大部分騎腳踏車上班的球迷通常沒有車子，在比賽前後沒辦法在停車場打開車尾門開派對，拿東西出來吃喝玩樂交際應酬一番。腳踏車族一般會早點到、晚點走，並且

在球場商店消費多一點錢。他們因為不必擔心還要開車回家，通常也會多花一點錢買啤酒喝。

在這個案例中，「騎腳踏車上班」本身並不會使球迷為球隊帶來更多收益，但是這項事實卻可預測他們為球隊帶來的潛在收益。造成球隊高收益的真正變數是「沒有汽車」，但是那卻隱藏在資料當中，這類變數叫做**「混淆變數」**（confounding variable）——如果混淆變數是具預測性的，找到它就可以幫助你處理一系列的商場情境。

有時候，你會找到一組沒有用處的因果關係，因為那項變數本身太難用來做預測。我們再回到剛剛的例子，是什麼因素決定美式足球隊的輸贏？和跑陣次數相比，「進攻權換手」的邊際值（0.67的相關係數）與贏球的相關性更強。這很明顯，任何有看球賽的人都知道進攻權換手很糟糕。

而且我們都了解：這項關係既是因果關係，也具相關性——進攻權換手會讓你輸球。這些都很合理，而且沒有人會爭論說進攻權換手會讓你贏球（或者在這個案例中是輸球）。但問題是，「進攻權換手是很難控制的事」。每個職業美式足球球員都了解進攻權換手的嚴重性，不管統計數據怎麼講，他們一定會盡全力防止這樣的事發生。以上的敘述強調「進攻權換手」的重要性，但除非你真能控制

它，否則它沒有用處。

那麼，「進攻權換手」這項資料有什麼用處呢？如果在任一場球賽中，我能預測哪支球隊失去進攻權的次數會比較高，我就能以高準確率預測哪支球隊會獲勝。如果是那樣，我會再下海賭注，把莊家都打敗。但當我在預測哪支球隊會比別人多失去兩次進攻權時，問題就來了。這點得要請教我們的朋友鮑伯博士，他在此又教了我們重要的一課。他在電子郵件中告訴我：攔截和掉球的隨機發生率分別是65％和90％。以掉球來說，如果一支球隊這季的掉球率到目前為止是＋1，那麼你應該期待他們之後每場比賽的掉球率是＋0.1。鮑伯說，「進攻權換手是讓分賭博中最強的輸贏指標，但它也是隨機性最強的，也正因這種不一致性，進攻權換手對運動賭家來說是效率不高的指標。」

了解「進攻權換手」的隨機性質，聰明的運動賭家便可以去尋找合算的賭注。例如，當進攻權換手值最差的隊伍，對抗進攻權換手佳的隊伍時，賭差的隊伍贏。換句話說，如果你找到一支被攔截和掉球次數很高的隊伍，大家可能會低估他們的實力。同樣的，因為進攻權換手次數少而得到好成績的球隊，大家往往高估他們的實力。鮑伯博士開玩笑說：「如果大家了解進攻權換手的隨機性質，我

可能就沒工作了。」

簡而言之，「進攻權換手」的預測價值很低。這個例子說明，有的變數與輸贏有很高的相關性和因果關係，但卻幾乎沒辦法用來做預測，因此站在分析的角度看，也就沒什麼用處了。

♠ 科學家在金融領域的優勢

那麼，這裡所學到的教訓要怎麼應用到企業界呢？讓我們來看看「利率」，因為利率在金融界的角色就跟「進攻權換手」一樣。一如進攻權換手，利率的升降對金融操作的輸贏有極大的影響。如果你能預測利率升降方向，你就能預測股票和債券的漲跌。

但問題就在於：利率和進攻權換手一樣，極難正確預測。雖然它對任何一種金融模型都很重要，但創造一個與利率方向連動的策略，有點像是在玩金融輪盤遊戲——根本難以預測結果。

事實上，許多成功交易員設計的策略，是不管利率走向為何都能獲利的，因為他們知道：想靠預測利率方向獲利太難了。這就是關鍵。想用分析獲取勝利，你必須把焦點放在那些過往資料能幫你預測未來的變數上。可惜，進

攻權換手和利率都不屬於這個類別。

在某種意義上，這才是本章真正的重點。單純的把焦點放在過往資料並進行分析，並不足以讓你擁有競爭優勢。「如何運用過去的經驗引導未來的決定」，才是你該特別注意的重點。

我們必須客觀看待過去，否則就會讓自己掉入固有的偏誤。最好的方法是向科學借鏡，尤其是科學方法。科學方法的定義是：科學家調查和發現的過程，它的指導方針主要是用客觀的方法分析可觀察、實證性和可衡量的證據。在金融領域以這種方式運用分析尤其管用。

你可能從未聽過西蒙斯（Jim Simons）創立的「文藝復興科技公司」，它是全球最成功的避險基金公司。自從1989年以來，該公司的「大獎章基金」（Medallion Fund）在扣除各項費用後，年平均報酬率達35％，高居各種避險基金之首。該公司「運用電腦科技模型，找出在金融市場被錯估的商品」。

西蒙斯出身學術界，曾以數學博士學位得到麻省理工學院和哈佛大學的教職。1978年他離開學術界，在金融業開創事業，但他並未把學到的重要科學理論拋諸腦後。西蒙斯討厭做公關宣傳，所以公司基金不太出名，但很明顯的是，西蒙斯把科學方法應用在金融界。

「我們不雇用華爾街出身的人。」西蒙斯說。「我們只雇用真正會做好科學的人。」

西蒙斯進一步解釋他的用人哲學：「科學家在金融領域帶來的優勢，並不在於他們的數學技巧或電腦技巧，而在於他們能用科學方法思考的能力。他們比較不可能接受一個看似可以獲勝、但其實只不過是統計機率的策略。」

如果你想在你的領域中贏得莊家優勢，「像科學家那樣思考」是一個值得你好好記住的口號。當然，好的科學家不會掉入確認性偏誤的陷阱，或設計出流於選擇性偏誤的實驗。他們所受的訓練和教育不會允許他們那樣做。

另外，就像西蒙斯說的，科學家懂得質疑他們得到的結果。這種健康的懷疑態度營造出一種環境，在這種環境中，真正具預測性質的資料會勝過所有其他資料。科學家常常在一項實驗中測試許多不同變數，然後再依照它們的表現，選出相關的變數。

若有一項實驗顯示「跑陣碼數」和贏球相關，科學家並不會因此就採信這種說法。相反的，他們會質疑該項說法所隱含的意義，從而發掘這項實驗設計的缺點。

最後，科學家必須為自己的研究找出實際的應用，如果找不到的話，他們會朝其他領域去找。科學家發現「進攻權換手」和「利率」很難用來進行預測，就會尋找其他

較易用來預測的指標。

「運用過去預測未來」是統計分析的基本心得，但絕不是基本過程。為了真正掌握歷史資料的威力，有個做法很有幫助：**記住科學家的心得將重點放在客觀資料、有意義的結果和實際應用上。**

西蒙斯的結論說得好：「我們一開始不是使用模型，而是使用資料。我們沒有任何預設觀念。」學會這些教訓，並記住西蒙斯的話，將幫助你贏得莊家優勢。

第四章

懂得「提問」的藝術，
數據才能幫你解決問題

「好問者只做一時的傻瓜，不問者永遠都做傻瓜。」
—— 中國諺語

　　想創造資料的威力（不只是任何舊資料，而是適當資料），需要採取進一步的行動，並且了解處理資料的方式。資料雖然重要，但終究只是一項工具，**除非你懂得問對問題，否則資料無法告訴你任何事情**。弄清楚要問哪種問題，就擁有正確框架，這是整個調查流程的核心。

　　統計方法有很多種，歐爾金、索普和比恩等人都利用統計來處理資料。歐爾金透過資料探勘，來探尋 NFL 國家美式足球聯盟資料中具有統計意義的模式，藉此擊敗莊家；索普透過蒙地卡羅模擬實驗，為 21 點和算牌制定最佳策略；比恩和他的團隊透過迴歸分析技術，用歷史資料來預測未來。這些技術聽起來很複雜，但實際上非常簡單。

　　任何精通基本統計技巧的人，都可以勝任這類工作。

進行迴歸分析或是使用資料探勘軟體非常容易。困難的部分，或者說最重要的部分，在於你是否有勇氣挑戰傳統，提出關於資料的正確問題，不管你擔心資料會透露什麼樣的訊息。

多年來，21點的賭家都很認命，知道自己在過程中會有輸有贏，但是到最後往往輸多贏少。不過，索普提出幾個簡單的問題，改變了這一切，比方說：如果發牌員手中沒有2這張牌，那麼21點的贏牌機率會有什麼改變？如果發牌員手上沒有3，勝算又是如何？之後，他針對4、5一直到A，問了相同的問題——這是解開問題的關鍵洞見。他的整體算牌策略，都是建立在一些非常簡單但又具有相關性的問題上。

當然，索普的創意才智（以及令人豔羨的資源），讓他得以實現普通玩家難以做到的事情——模擬如果一副牌沒有了某些牌，像是2、3等等，每一手牌的情形。隨著1960年代以來的科技進展，那種資源優勢實際上已經消失，但是懂得提出正確的問題，仍然和以往一樣重要。

同樣的，職棒大聯盟奧克蘭運動家隊和總經理比恩提出以下主張來質疑棒球界：比賽統計資料，比球探更能夠全面預測球員未來的表現。比恩提出一個關鍵問題：什麼樣的歷史資料最能夠告訴我，「某位球員在職棒中的表現

會有多成功？」比恩進一步問道：大學球員或是高中球員在職棒中會有更可預測的成功之路嗎？這些問題的答案，全都在歷史資料中，並且協助比恩制定出一項策略，根據這項策略，他們球隊會以「上壘率」（On-Base Percentage）等統計數字來甄選球員。一旦確認了關鍵問題或框架，他們搜尋答案所經歷的過程就會相當直截了當。

先前提到的《魔球》作者路易士，另外還寫了許多關於體育界和金融界中許多統計天才的作品，他和我共進午餐時，曾與我分享一些見解，提到關於他筆下這些「天才」的共通點。路易士先列舉一連串預期中的一般特點：聰明、善於分析、熟悉科技。接著，他明顯提高音量，特別強調最後一項特點，也就是「具有創意」，這出乎我的意料。

「他們全都有獨到的看法，以真正具『創意』的方式來觀察數字。他們知道要問什麼問題，以便讓數字解決這些問題，」路易士解釋道。

♠ 建立正確決策框架的三個步驟

無論被認為是分析或是直覺性質，所有決策流程都是由探索真相者提出的一個問題或一組問題開始。這就是所

謂的「決策框架」(decision frame)，也是決策流程的第一個步驟。釐清要處理的核心問題，是做出正確決定的關鍵。此外，它通常需要創意和全新的角度。

想要獲得正確的框架，得具備三個相互關聯的要素。**首先是「目的」，也就是想要達成的目標。**以比恩為例，他的目的就是尋求更好的方法，來預測棒球隊的成功機率。**其次是「範圍」，也就是達成決定需要納入或排除的部分。**比恩決定納入球員以往的表現統計資料，排除球員的特點。他將自己的搜尋範圍縮小到球員表現資料。**最後是「觀點」，也就是你在處理這項決定上的觀點，以及其他人採取的觀點。**在比恩的例子中，他的觀點是：球員身材健美並不代表打球打得好，甚至與打球好壞毫不相關。相反的，以相關統計數字衡量的績效表現，並且僅僅檢視統計數字，才能夠估計球隊的價值，並且預測未來比賽的勝算。

從這層意義來看，制定適當的決策框架，就像是用變焦相機拍照一樣：「目的」是拍出想要的照片，「範圍」是所取的景，「觀點」是最終採取的角度。比恩的關鍵見解，促成了一個界定他尋找分析方法的框架，焦點在於可用來評估和計算球隊價值的個別表現，當比恩這樣做的時候，就已經成功了一半。掌握這項資料，他就擁有篩選標準，

能夠開始尋找可能的解決方案。

　　連那些我們絕不認為是「統計派」的人們，也使用這種決策流程。以美式足球傳奇人物帕索斯（Bill Parcells）為例，帕索斯是當代美式足球教練中的佼佼者，不但執掌教鞭，也是非常成功的球隊高階主管，曾經協助紐約噴氣機隊、達拉斯牛仔隊和邁阿密海豚隊等球隊轉敗為勝。然而，沒有人會針對帕索斯的策略，寫一本美式足球版的《魔球》──眾所周知，他根本不是靠數據資料來制定決策。他有很多名言，其中一句是他哀嘆選秀的流程是「不精確的科學」。一般人認為，他是以「直覺」的方式來理解美式足球，並且能夠激勵每個人隨時採取任何行動。

　　但後來帕索斯卻展現了微妙的分析面，運用多年來觀察資料而不知不覺發展出來的「經驗法則」，由此顯示：這些策略可以影響你制定決策的方式，即使數字並非你的強項。2009 年 10 月 2 日，紐約噴氣機隊迎戰邁阿密海豚隊，在中場休息時，帕索斯接受採訪，列出了自己挑選四分衛的四項首要標準：

Tips 1：大學四年級的學生。

Tips 2：已經獲得畢業證書。

Tips 3：比賽經驗必須超過三年。

Tips 4：獲得至少二十三次的勝場。

　　這些標準全都是合理的要求，因為它們代表著理想四分衛重要特質的關鍵指標。第一項標準代表年齡和成熟度。大四學生在大學四年裡趨於成熟，也學到很多東西，本質上屬於成品，因此不需要花太多時間了解如何在美式足球大聯盟中成功；第二項標準是鎖定已經畢業的球員，這通常是要將範圍縮小，尋找那些始終沒有放棄目標而且願意繼續學習和成長的勤奮球員；第三項標準則是確保你不會找到所謂「曇花一現」的選手，任何人都能保持一年成功，但是真正有才華的人，初期就可以識別出來。此外，新球員擁有三年比賽經驗，就會有比較重大的工作成果可供檢視；最後一項標準是：聚焦於那些來自常勝球隊的隊員，有助於確保你所找來的球員懂得如何贏球，而且能夠成功擔任領導者。

　　以上是帕索斯檢視四分衛所使用的框架，有了這個框架，要展開篩選工作就更容易了。

　　我不知道帕索斯是如何建立這四項標準的，但我猜想，他一開始一定檢索了大量的資料，並且問了一個基本問題。龐大的資料有可能涵蓋帕索斯在美式足球界選拔的所有四分衛（包括職業聯賽和大學聯賽）相關記錄。而他

提的問題是：成功的四分衛有哪些共通點？

帕索斯是怎麼決定以總勝場23這個數字，作為篩選球員的標準呢？推動這項決定的，當然是數據資料——這個數字在統計資料的某處顯示，它是一個重要的分界點。

帕索斯自己也不知道，他其實建立了一個統計模型。無論是由電腦還是由帕索斯自己設計得出，這仍然是一個統計模型。帕索斯檢視資料集，然後判斷哪些變數與成功的四分衛有相互關聯，他甚至建立布倫（Boolean）資料類型（也就是區分為是或否的變數），使得解讀資料更容易。此外，無論帕索斯是否承認，他顯然相信可以運用資料做出決策。

當然，還有更複雜的模式，可能將帕索斯過份簡單化的模型擴大。例如，我們可能想要知道：哪些選秀會培養出最成功的四分衛？或者，有什麼特定的大學主修與成功相關？獲選新秀究竟得過多少次勝場？納入這些資訊，是否有助於提升這個模型的成功率呢？也許可以，也許不行。不過你肯定能看到，帕索斯過度簡單化的架構如何能夠調整得更為複雜，並且包含用來預測四分衛比賽成功率的模型。

帕索斯可能不具備技能或是意願來建立更為進階的架構，但是在接下來的故事中，主角將會做到這點。

♠ 民調的數據究竟有多準確？

　　不過，在此我要先提出一項重要警告。我的用意並不是要誇讚複雜的統計方法，而是要再三強調「提問題」這項簡單的藝術有多麼重要。有時候──例如帕索斯的情況──問題純粹源於好奇；有時候，問題來自於自身利益。以席佛（Nate Silver）為例，2008年民主黨總統提名初期的某天，席佛坐在紐奧良某個機場裡，翻閱有關希拉蕊和歐巴馬爭取提名的報導，看著看著，突然間惱火起來，因為權威人士根據希拉蕊在民意調查初步領先的結果，吹捧她為競賽中的現行領先者。席佛不能接受這一點，身為道地的芝加哥人，他是歐巴馬的死忠支持者。

　　當時，席佛是棒球資料權威網站「棒球章程」（Baseball Prospectus）的管理合夥人。該網站由一群統計專家所組成，專門負責為棒球賽事提供進階的分析。此外，在體育分析界，大家都知道席佛是「球員經驗比較與最佳化測驗演算法」（PECOTA）分析系統的創始人，這個2003年問世的演算法是公認現今預測棒球選手表現最準確的系統，它對每一位大聯盟球員的球季表現進行統計預測。此後的六年中，它成為業界衡量球員表現的黃金標準，其特點在於大膽的預測結果極為精準。

例如，芝加哥白襪隊在2006年賽季獲得90勝72負的良好成績，但是席佛和他的演算法預測：白襪隊在接下來的2007賽季將遭遇情勢逆轉，最終的成績很可能是90負72勝。這個看似荒謬的預測引起了軒然大波，連白襪隊的總經理威廉斯（Kenny Williams）都為此發表評論：「那很好啊，因為他們（棒球章程網站）對我們所做的一切預測經常都是錯誤的。你能怎麼辦呢？我們會盡可能整合最好的隊員，而且終將得到九十五場左右的勝利。」

　　結果白襪隊在2007賽季果然是72勝90負。

　　再來看看2008賽季，坦帕灣光芒隊連續三季的勝場數都沒超過七十場，事實上，在十年間，他們每個賽季的勝場數從未超過七十場。但是席佛和演算法預測說：光芒隊會在本季獲得八十八場勝利，比前一年的總勝場多出二十二場。根據所有的歷史記錄，這是個荒謬的預測，但光芒隊證明席爾佛和演算法錯了，因為它超越了他們的「保守」估計，實際上贏了九十七場比賽，那年光芒隊一路過關斬將，打進世界大賽。

　　既然經常預測正確，席佛是回答以下問題的最佳人選：在新罕布夏州初選和愛荷華州黨團會議之前的提名競爭期間，民調是否具有任何意義？

　　藉著查閱歷史資料，席佛能夠以肯定的「沒有」二字，

來回答這個問題。這個簡單的問題將衍生出更多問題：民調的結果究竟有多準確？哪些測驗結果最準確？除了民調之外，還有哪些因素可能會用來精確預測總統提名人？選民的人口統計資訊對於政治預測有多重要？

與帕索斯不同的是，席佛有能力建立這個更複雜的模型。等到情況明朗，席佛完成數字運算後，他獲得了一個能預測競選結果的新模型。

席佛以「波布蘭諾」（Poblano）的化名，在他成立的網站Fivethirtyeight.com上發表文章。後來事實證明，他的新模型比所有其他預測方法都來得準確，讓他一掃先前在紐奧良機場那晚所感受到的不滿，同時也讓他獲得眾人的信賴。2008年5月6日，北卡羅來納州和印第安那州初選結束後，席佛做出一些類似之前對於棒球比賽所做的大膽和逆向預測，使他的狼藉聲名達到引爆點。雖然傳統的民調顯示北卡羅來納州的選情相當緊張，但是席佛卻預測：歐巴馬將超前13％或14％。結果這位伊利諾州參議員恰恰贏了14％，證明了席佛言之有理。

我在曼哈頓中城的一家小型義大利餐廳與席佛碰頭，他對於自己因為那一次預測而得到的眾多褒獎，一笑置之。「當你掌握了那類的預測，總是會得到溢美之辭。就像坦帕灣光芒隊和芝加哥白襪隊那兩次的預測，那麼接近

實際結果，其實要靠一些運氣。」

這時，所有的注意力仍然集中在一個名叫「波布蘭諾」的不明人士身上。只不過不久後，席佛就向讀者們透露自己的真實身分，並且開始花更多時間投入政治預測和分析。由於已經不再匿名，這進一步強化了他身為「智者」的聲名。2008年美國總統選舉，席佛正確地預測50個州中（和華盛頓特區）的49州結果，並且確信自己的傳奇故事會持續增加，另外值得喝采的是，席佛也正確預測每一次美國參議院選舉的勝選者。

在用晚餐時，席佛向我承認，將他拉抬到現有地位的模型，複雜度遠不如他之前在沒沒無聞的棒球統計領域所做的模型。「我會說，演算法的複雜度，至少是政治模型複雜度的兩倍半。」

但是那根本不重要。自從公開真實身分之後，席佛就成為人們狂熱崇拜的對象，而且每每成為「科爾伯特報告」（The Colbert Report）等政治脫口秀節目及《紐約時報》等主流刊物的重要號召。他已被《富比士》網站稱為網路名人，並躋身《時代》雜誌「百大影響人物」之列。

然而，這全都源自於一個簡單的提問：民調具有任何意義嗎？

席佛利用公共領域可以取得的資料，回答了他提出的

問題——但有時候找資料並不是那麼容易。有時候，資料根本不在那裡，或是資料尚未出爐。碰到這種情況，你就得退一步，問一些問題，並開始收集資料。這也正是一位年輕的美式足球球隊經理必須採取的行動。

♠ 建立決策樹：從提出一個簡單問題開始

1990 年代末，NFL 國家美式足球聯盟的薪級出現一件怪事。不知是哪個單位的哪個人因故認定：「左進攻截鋒」是球場上最重要的位置之一，因此在球隊中的薪水應該是第二高，僅次於四分衛。這種想法的產生，原因可以追溯到泰勒（Lawrence Taylor）等人。這些奇特的球員相當強壯，而且速度驚人，可以輕易衝到四分衛面前，克服任何阻礙。泰勒本人在自身的生涯中就樹立了四分衛擒殺的新標準。因此，球隊需要尋找同樣奇特的球員，來保護四分衛的盲點不受攻擊。你需要保護價格最高的資產，不是嗎？所以，能夠像羚羊般迅速行動而且力大無窮的左進攻截鋒，就成為市場上需求殷切的搶手貨。此外，供不應求也使得左進攻截鋒的薪酬水漲船高。

這為美式足球聯盟的經理們出了個難題，因為他們並沒有統計資料可以闡明，哪些球員稱得上是「頂尖」左進

攻截鋒。像四分衛、跑鋒或外接手本來就有容易取得的資料，四分衛有傳球成功率、平均每次傳球碼數及攔劫次數等資料，而跑鋒則有平均衝球碼數、掉球數和接球數等數據。這些位置的場上表現都相當容易評估。但相形之下，左進攻截鋒顯然沒有類似的資料可參考。像擒殺或是平均團隊跑陣次數等資料，裡頭有太多的「共變異數」（covariance）──當四分衛被擒殺時，有誰真正知道這種情況為何或如何發生？也許是四分衛持球時間過長，也有可能是其他進攻線衛保護不力，還有可能是防守戰術太高明。有太多外部因素要從擒殺統計數字中判斷出來。

那麼，這會讓球隊經理在思考簽下哪些左進攻截鋒，以及該支付多少酬勞時面臨什麼樣的情況？至少在我的故事中，這讓他們面臨球探的擺布，球探用自己的眼睛和直覺來判斷哪些左進攻截鋒是最棒的。

但是我說的那位年輕球隊經理可不接受這點。在不公開身分的前提下，他告訴我：他是如何提出問題，然後又如何藉著提出更多問題來回答原來的問題。

他先自問：「我如何才能夠客觀地衡量左進攻截鋒的表現？」他很快意識到：自己並沒有答案。因此，他轉而詢問公司裡的人員，問他們另一個問題。他同時也找了球隊的教練和一些球探，問他們一個非常簡單的問題：「比

賽當中，左進攻截鋒可以做的事情有哪些？」

他們用另一個問題來回答他的問題：「要看情況而定。你問的是跑陣進攻？還是傳球進攻？」

這位年輕的球隊經理聽到這個答案時，腦中突然閃過一個念頭。「先說跑陣進攻吧！」

「他可以有很多不同的任務。他是在處於壓制戰術、陷進戰術，還是阻擋戰術？」對方繼續問道。

「就假設他是處於壓制戰術吧！」

這位年輕經理逐一問過身邊所有的業界人士，並且在提出自己的一套問題時，建立了一個決策樹，這個決策樹提供了「左進攻截鋒」在任何比賽中可以進行的三十二項不同組合任務。簡單來說，他制定出一個架構，並依據每場比賽來評斷左進攻截鋒的表現。這個做法的用意是：如果可以利用這個架構來觀察每一場比賽，就能建立新的統計數字來評斷球員的表現。到最後，就能建立一套量化系統，來評估這個難以理解、代價不菲的位置。

因此，這位年輕的球隊經理召集了一群高中美式足球教練（順帶一提，他們都樂於表示自己是為美式足球聯盟球隊工作），並且讓他們坐下來觀看每一位左進攻截鋒的比賽影片，透過這項行動，收集到破天荒真正適用於評估進攻線衛的統計資料。在這個例子中，球隊經理知道：他

回答不了自己的第一個基本問題，所以就去找可以回答問題的人，並且從他的問題裡，求得看似無解的問題解答。他極具創意，到最後，他的明智策略讓他得到超越競爭對手的優勢，同樣的，這一切全都源自一個簡單的問題——左進攻截鋒實際上的任務是什麼？

當然，你不能總是直接提問，而且你往往也不想這樣。碰到這種情況，如果你害怕問同事、上司或是朋友，你可以仰賴數字獲得答案。那正是我們21點小組每次遇到信任危機時所必須做的事情。

♠ 學會向「數字」提問

人們常常問我：21點小組在招募新隊員時，會看重哪些特質？他們預期，我會希望應徵者能過目不忘或是數學天才。但是我最看重的特質，就是「信任」。想想看，你要給一個人10萬美元現金，讓他飛去拉斯維加斯贏點錢回來時，你首先要考慮的，當然是確定此人值得信賴。

對21點小組來說，信任是最重要的，我們在彼此身上做了大幅投資。在週末結束時，唯一確實知道某人究竟贏了或輸了多少錢的人，就是掌握籌碼的那個人，如果有人去拉斯維加斯，贏了7萬5,000美元，他大可告訴我們，

「他只贏了5萬美元」，然後把剩下的2萬5,000美元偷偷據為己有——沒有人會知道真相，而且小組很可能會為他贏到5萬美元而感到開心，沒人會有絲毫的懷疑。

在「信任」的共識上運作，對團隊的活力至關重要，但是合作過程中難免會出現令人信心動搖的事件。有一次是關於一位新成員，我姑且稱之為「陶德」，陶德是由小組一位成員帶進來的，而且在21點小組裡的地位迅速提高，很快就通過了所有的測驗。沒多久，他就取代了一位「關鍵玩家」的位子。

身為關鍵玩家，陶德負責處理大量現金和大額下注，主要管理自己參與的每次賭局損益。雖然陶德升任關鍵玩家的過程迅速而且緊密，但他身為大咖的實際績效卻是大相徑庭。他升任後的最初幾個月相當不穩，每次去賭場總是鎩羽而歸，損失慘重。在練習的時候，我們為了診斷他的技能如何，對他進行愈來愈嚴格的測試。但是他總是非常順利地通過。即使如此，每次他從波士頓洛根機場下飛機時，身上的錢總是比去程的時候要少。

這造成一個難題，小組裡的成員對陶德都不太了解，引薦他進來的成員替他作擔保，確信他值得信任。但是小組裡有些人很快就開始心生疑慮。如果我們指控陶德欺騙，小組裡的信任感很可能毀於一旦；如果我們質疑他心

術不正，那就不妨將他掃地出門，因為信任一旦受到破壞，便難以彌補。然而，將他逐出小組，也不是可以等閒視之的事，因為我們已經砸下了大筆投資。訓練一個關鍵玩家，不僅所費不貲，而且相當耗時費事。

因此，我們決定對數字提出這個讓我們感到困擾的問題：「我們能信任陶德嗎？」

在21點小組，成員們必須記錄自己每一場賭局的情況，才能夠獲得酬勞。我們利用這些書面記錄來模擬每位玩家理論上應該贏多少錢，然後根據理論上的獎金按比例發放。我們的便利「資料庫」，讓我們能夠實際上回過頭模擬陶德所加入的每張牌桌，看看他本來應該要贏多少錢（排除運氣的理論數字）。對這項資料運用一些相當簡單的統計方法，就可以看出陶德的輸贏結果是否合理。

我們運算數字，結果發現：陶德的負面結果其實落在理論結果的兩個標準差之內。了解「標準差」可以讓人評估變異數，並且判斷某個結果純粹是因運氣所致，還是具有統計上的意義。因此，標準差實際上可以告訴我們：陶德究竟是一直運氣不好而輸牌？還是在對我們撒謊？大致來說，兩個標準差的結果告訴我們：陶德運氣不好，輸掉牌局的機率有5％。這5％的比例對我們來說已經足夠了。我們決定相信陶德真的是運氣不好，因此不作評論或

告誡，繼續讓他賭下去。過沒多久，陶德就開始贏錢了。他終於回到常軌，此後的成績和他的統計數字所預測的差不多。

如果我們信任陶德，就去問問數字，而不是他本人，以免危害一項重要的商業關係。同理，在21點以外的世界中，銀行也開始採取類似的行動，免得破壞他們與顧客之間的關係。

你是否也曾接過信用卡公司打來的關切電話，要你確認最近的五筆交易？這通常會導致你瘋狂地翻找你的錢包，拿出有問題的信用卡。但是你仍然得費心逐一確認每一筆交易，這樣信用卡公司才不會把你的卡停掉。

還有一些情況是，你用信用卡大肆採購，或是在其他國家用信用卡付款，不料店家卻告訴你：你需要打電話給你的信用卡公司確認。碰到這種情況，你的感受如何呢？

我們容忍這種「協助」，是因為我們了解這是為自己好，而且有利於自身安全。但如果這些電話來得太頻繁呢？那不就和我們指控陶德欺騙的情形如出一轍嗎？那是否會讓你決定要換一家銀行的信用卡呢？

雖然防範詐騙是正經事，但那卻是在犧牲顧客服務之下做到的。如果你太常請顧客確認原本應該順利運作的事情，顧客最後就會改換一家控管能力較好、不需要做這麼

多檢查動作的信用卡公司。

那麼銀行該如何介定跟顧客做確認的時機？**他們應該改弦易轍，先向數字提問，而不是對顧客問東問西。**

為SAS軟體公司執行「詐騙策略」的布雷得利（Stu Bradley）說：「銀行採用先進的分析方法來保護消費者，但是他們需要在防範詐欺、顧客服務評價和營運效率之間，保持適當的平衡。銀行最不願意做的事，就是讓分析標準過於嚴苛，標準太過嚴苛，會造成交易或帳戶上的詐欺標注多過調查人員所能夠做的分類，或是導致太多件交易在銷售點管理系統（POS）遭到拒絕，令消費者在採購或取款時很不方便。」

SAS軟體公司與銀行合作，執行四種不同的分析策略，以偵查信用卡詐欺。首先，他們實施一些基本規定，標注超過一定金額、跨境或是異常頻繁的大額交易。這樣做可以掌握大部分的詐欺交易，但也會造成許多誤報，以及隔天來電查問前一晚的酒吧消費額。

所以，光是使用這種規則還是遠遠不夠的。SAS公司接下來建議使用「異常檢測」（anomaly detection），以更進階的分析方式應用規則，也就是根據持卡人以往的行為模式，判斷目前的消費情況是否可疑。比方說，如果你經常出國，你在法國的三筆消費交易將不會被視為異常，也

不會被標注。你是否用自己的信用卡為私事付款？如果是這樣，你的大額交易就是正常合理的，異常偵測程序會避免信用卡公司來電打擾你。

另一種策略叫做「預測模型」。它能讓銀行看到資料以外的部分，了解不同的交易行為背後隱藏的意義。假設有個交易序列，一開始是在加油站消費，接著沒多久就進行無須提呈實體卡片交易（例如網路交易），最後則是一筆國外消費。預測模型會標注這張信用卡，因為進階分析會預測，這個交易序列很可能是信用卡被側錄（skimming）的結果。側錄是指信用卡資訊在非合理的交易中被使用，比方說你到餐廳消費，在付帳時，不肖服務生記下了你的信用卡資訊。

最後一種策略是「社交網路分析」（SNA）方法，可用來進行全面的銀行詐欺偵測。在社交網路分析方法中，分析的作用是尋找交易中的關係和使用者的行為，以協助判斷：某個人或一群相關的人，是否正在從事前三種方法將會標注的任何可疑行為。預測模型可以使用被標注和被側錄的信用卡及社交網路分析方法，來識別另一張同樣可疑的信用卡，因為這張卡是由同一個人使用——即使兩張卡的使用行為有些不同。讓銀行能夠透過資料查詢數百個問題，銀行就可以不用向持卡顧客問話。

♠ 用「提問」解決問題的企業文化

對於一心想要成功運用統計分析的公司和組織來說，營造「提問」的企業文化是非常重要的。提問不但有助於激發對數字的創意，還能建立一種簡單的層次，讓每個人不論統計敏銳度如何，都展開了建立複雜數學模型的過程。**我們的 21 點小組擁有「以提問解決問題」的文化。**光是提問，就讓我們擁有使用統計分析法來克服問題的力量。

這個模型在商業界裡也同樣運作良好。善於提出重要問題的人，搭配善於進行複雜統計分析的人，組成了無懈可擊的黃金團隊。我在奧特曼與維蘭德里（Altman Vilandrie）諮詢顧問公司任職的朋友們，就是這種團隊的一個絕佳例子。

該公司由維蘭德里（Ed Vilandrie）與奧特曼（Rory Altman）在 2002 年成立，至今已經擴展至擁有五十名員工和 2,500 萬美元營收。主要服務對象為電信業，專精於運用統計分析來解決客戶複雜的業務問題，例如服務的定價方式、提供給客戶的產品選擇等等。他們還協助合併的企業了解，合併後的公司財務和策略思維，以及綜合效果和整合成本。此外，他們針對預期的投資，進行非常詳盡

的策略和商業實質審查，藉此協助投資人尋求在電信及媒體業投資的機會。

　　但後來維蘭德里跟我解釋，他們公司所專精的，其實是提出和回答簡單的問題。我最近一次到波士頓時，曾赴維蘭德里的辦公室拜訪他。他的公司位於波士頓最高辦公大樓之一的最高樓層，從他辦公室的窗戶向外望去，查理斯河、波士頓港口，還有麻省理工學院的校區皆盡收眼底。

　　維蘭德里和我已經認識超過二十年。事實上，我多年前還試圖網羅他加入 21 點小組。當時的他具備我們要求的所有特質。他聰明、分析能力強、勤奮，最重要的是，我們知道他值得信賴。他從未答應加入 21 點小組，現在看來，他把時間用於發掘自己在諮詢顧問界的莊家優勢，顯然更有價值。

　　我們在他辦公室碰面，上一次見面已經是一年多前的事了。我問他，現在他的客戶最熱門的話題是什麼──他們想要解答哪些重要問題？他告訴我：由於經濟不景氣，他正在為電信業者努力構思「顧客流失管理策略」。當人們失業或是因為一堆帳單而飽受壓力時，會開始縮減自己的生活開銷，有些人乾脆將自己的手機停機。維蘭德里的電信業客戶問了一個極其簡單的問題：我們該如何更進一步留住用戶？

如果用戶決定解約，那一定是受到通信業者可以掌控和不可控制的原因所影響。通信業者可以控制價格、整體客服、計費、網路品質等。其他不可控制的原因包括：用戶遷居他國、裁員導致用戶失去收入、用戶所屬的公司改變手機方案，或是用戶過世等等。

　　藉著有效收集之前一、兩年間數百萬位用戶的帳單紀錄，維蘭德里解釋他們如何將每個月解約的用戶排序，然後把這項資料與其他現有的潛在時間序列資料（通常就在客戶的手邊）連結起來。這項資訊顯示了「因果關係」。比方說，網路中斷的時機或是用戶遇到其他干擾，可能與用戶流失率提高有關。換句話說，你可以非常有效地為客戶重建實際上造成用戶流失的情況。

　　透過這項資訊，維蘭德里建立了預測用戶流失工具，這項工具以迴歸分析為基礎，可協助客戶識別和解決上述問題，並且在隨後幾個月大幅減少用戶的流失量。**維蘭德里說服客戶不要將錢花在「無法控制用戶流失」的領域，並且結合顧客價值的某個衡量標準和用戶流失傾向**，這樣一來，客服中心和其他留客行動就可以專注於顧客價值之中最可能流失、同時也是最主要的部分。

　　他們用一些方式為客戶回答上述問題，用戶流失只是其中一個例子，但這個例子在任何類型的經濟中都非常重

要。所有顧客導向的公司都應該自問：「我應該如何才能夠進一步留住顧客？」如果你檢視資料，就會發現這問題通常很容易解決。

　　同樣的，簡單的問題有助於將焦點集中在複雜的數學模型上，而複雜的數學模型有助於解決重要的業務問題。**提出正確的問題，是在企業中建立莊家優勢的重要步驟。**索普提出並且回答一些非常簡單的疑問，解決了看似無解的問題，進而影響了整個世代的賭家；維蘭德里為企業提出並回答一些問題，因而能夠建立價值2,500萬美元的企業。雖然每個企業或組織的主題可能截然不同，但經歷的流程完全一樣；精通那個流程，就會讓你取得優勢。

第五章

瞄準實際的小問題，
放過那些理想化的大問題

「完美的數字與完美的人一樣，可遇而不可求。」

——法國哲學家　笛卡爾

　　有很多問題是統計學可以解答的，但是要運用統計學來回答人類表現的相關問題，就比較困難。即使是頂尖的數學大師，面臨連續獲勝或連續得分之類的現象，也會覺得是難解的挑戰。

　　在擔任職業算牌員的七年裡，我經歷過多次連勝或是連續得分，當時渾身散發著自信，以為自己攻無不克。我說的連戰連勝，不是指整副牌對我有利時的連續幾手牌，因為在統計上，這種情況有可能會發生；我說的是手氣超旺，贏的錢遠超過統計上的估算。當然，身為統計學的狂熱信徒，我很清楚自己能夠所向披靡，那是因為「變異數」使然，而不是因為我的賭技突飛猛進或是有神明加持。即便如此，在連戰皆捷的期間，我還是覺得自信滿滿，天下

無敵。

我朋友威斯經常談到「強迫自己贏」的概念，另一位朋友麥克則說：「你只需要認定自己會贏，就會贏」。這種言論聽起來有些厚臉皮，但是在21點牌局中，信心極具價值，是不無道理的，因為它有助於培養毅力——當方向走偏的變異數導致長期連續輸牌時，你需要這種毅力來支撐下去。當情況並非直覺所能處理時，你也需要這樣的毅力來做對的事情。同樣的原則也適用於商業世界。

♠ 真的有「鴻運當頭」這回事嗎？

21點的世界是十足的數學世界，在這個世界裡，人類的表現可以僅僅用數字和統計來解決和預測，機率對你有利，你就會贏；機率對你不利，你就會輸。沒有更高等的動物或不可估量的力量主宰我們的成果。但是在21點領域之外，人類的表現並沒有這麼容易解釋。特別是在體育運動和商業界，許多人會問：「真的有連續得分，鴻運當頭這回事嗎？」

就像我們「火熱」的21點成員一樣，有些運動員相信，當他們處在超越了統計標準的成功循環時，就擁有某種「火熱手感」（hot hand）。籃球選手有時候能連續投中

六、七個球，而且認為自己萬無一失；棒球選手有時候能連續擊中五、六個球，還說投手擲出的球就跟柚子一樣大；就連高爾夫球選手，有時候也能遠超出平均水準，連續擊球入洞，頻頻得分。

這究竟是屬於「火熱手感」的例子，或者純粹是與變異數有關的例子？

很多研究都試著證明：籃球運動中的「火熱手感」確實存在。其中最著名的，莫過於季洛維奇（Thomas Gilovich）、瓦朗（Robert Vallone）及特維斯基（Amos Tversky）所作的研究。但是所有的研究都得到相同的結論，那就是：**在統計學上，沒有證據可以證明「手感」這種現象確實存在。**

近來，一般認為知名NBA統計專家威爾（Sandy Weil）和芝加哥大學經濟學教授海辛加（John Huizinga）提出的說法，是「火熱手感」理論的決定性研究。在這項研究中，威爾和海辛加從許多角度攻擊「火熱手感」理論。他們研究分析過去五個賽季中的超級射手，結果發現：投籃成功後的第二輪進攻當中，上一輪投球得分的球員獲得射球機會的概率，比其他球員高16％，但成功率卻低了3.5％。他們的分析資料具有統計上的意義，統計學界的許多人士認定：這意味著世上並沒有所謂的「火熱手感」。

過去十年間，籃球進階統計界裡最具影響力的人物，莫過於霍林格（John Hollinger）。以他的分析方法作為號召的，除了ESPN和《運動畫刊》，甚至還包括《華爾街日報》。他在一封電子郵件中告訴我：他是「火熱手感的無神論者」，主要是根據威爾和海辛加的研究。

　　跟霍林格一樣，我鼓吹大家要了解「變異數」的重要性，而不要去尋求根本不存在的預測力量。但是身為經常打球並且與許多職業運動員互動往來的人，我知道事情沒有那麼簡單。

　　五年前，我在為與哈佛教授莫里斯（Carl Morris）的會面作準備時，開始對「手感理論」特別感興趣。莫里斯是現任哈佛大學統計學系教授，也是十足的體育迷，對於體育運動與統計學之間的交集甚感興趣。他因為早期在棒球上的一些研究，而在《魔球》中永遠留名。參考的研究以他運用「馬可夫模型」（Markove models）發展的矩陣為中心，馬可夫模型是以現狀來預測未來狀態的數學流程，該矩陣會根據目前的狀態，提供在一局裡的「得分期望值」（expected run value）。在無人上壘也無人出局的情況下，一支普通球隊在該局可望獲得0.54分。但如果場上滿壘而且無人出局，一支隊伍可望獲得2.4分。這個矩陣適合作為棒球策略，而且可以用來解釋：為何篤信進階統計學

的人認為，在賽局剛開始時，如果有隊員站上一壘且無人出局，採取犧牲觸擊的策略並非明智之舉？因為這樣做實際上會將球隊的預期得分從0.91降至0.70。得分期望值矩陣是將統計學實際應用在體育運動上的絕佳範例。

莫里斯並非頭一個研究這個主題的人，但卻是當時風頭最健的，就是這樣的名氣，讓我在2005年夏天走訪他的辦公室。能和這樣一位擁有崇高學術成就的學者交談，令我興奮不已，我走進哈佛數學系大樓時，心裡滿懷期待。

莫里斯絕對符合典型大學數學教授的形象：他頂著一頭灰髮，戴著眼鏡，說話輕柔又穩重。我們先是互相聊了各自的研究方向，然後才開始談論體育運動。

隨著談話愈來愈深入，我清楚意識到，莫里斯不只是統計學教授，還是狂熱的體育迷。他熱愛網球運動，並且是當地職業網球隊的官方統計學家。此外，他也參加球賽。環視他的辦公室，除了可以看到他打網球的照片，還可以發現他熱愛運動的其他證據。所以我最後將話題轉向關於在體育運動中應用統計學的一些比較難解的問題。如果你不是體育迷，就很難了解這些問題。

坐在我面前的，是統計界的思想領袖、學者，以及全球卓越學術機構之一的領導者。我得抓住這個機會，從該陣營得到關於「火熱手感」的決定性說法。

「那您對手感理論有何看法？」我有點羞怯地問道。

莫里斯看看我，停頓了一下，然後慢條斯理地說：「我很熟悉這個領域裡所有的研究。沒有數學證據可以證明火熱手感存在。」但他話鋒一轉，繼續說：「不過，任何打過球的人，包括我在內，都知道它的確存在。」

所以手感是存在的。如果世上有任何人能夠繼續宣揚統計學界的方針路線——「沒有火熱手感這回事」——那個人就是莫里斯。但是他向我承認，不論他能不能以統計學證實手感，他都相信手感確實存在。

我後來和許多既任職於職業球隊又懂得統計學的朋友交談，得到的答案都差不多。四九人隊的副總裁瑪拉斯（Paraag Marathe）說：「你若像我一樣經常和眾多隊員、教練在一起，就會確實感受到火熱手感理論的存在。」

82games.com是專門提供進階NBA統計數據的第一批網站之一，創始人比奇（Roland Beech）目前任職於達拉斯小牛隊。他呼應瑪拉斯的論點：「我知道教練和球員確信有手感存在，而我得說，我也相信這點。」

我發現這是個非常健康又有啟發性的觀點，所以當我對休士頓火箭隊經理莫雷提出相同的問題時，我預期他會有類似的反應。和比奇及瑪拉斯一樣，莫雷並沒有坐在大學經濟系的象牙塔裡，他必須和以高標準打棒球的教練談

話，也必須與確實相信手感的球員談話，那些球員認為，當他們連續射進三球，接下來的三球也會進。我當然預期，莫雷對這個主題也會有務實的態度。

但是，莫雷的論調有點不同。**當我問「你對火熱手感理論有何看法」時，他回答說：「我對它一點都不在意。」**

他接著說：「我知道我無法預測，所以就不太去管這個理論。雖然我對它很好奇，但因為它不會影響任何決策，我不會花時間在這上面。」

我要他進一步說明。「我知道球員會覺得自己進入了這個領域，而且我認為裡面有某種東西存在……」他說著說著，音量漸漸變小。情況已經很明朗：莫雷不確定該如何回答我的問題，因為他覺得談論抽象的東西沒有太大的用處。

接下來，他將話題轉向一個更具體的例子。他回憶起他剛到休士頓前幾個月的一場比賽，記得是在第四節，當時的總教練甘迪（Jeff Van Gundy）沒有按照平常的方式輪替陣容，而是讓控球後衛阿爾斯頓（Rafer Alston）打比較長的時間。

比賽過後，莫雷問甘迪一個簡單的問題：「為什麼？」

甘迪非常聰明而且擅長分析，他解釋說，因為阿爾斯頓（非常扎實的控球後衛，但投籃命中率不高）一開始就

投籃得分,他認為阿爾斯頓後面繼續得分的機率很高。

　　莫雷既未與甘迪爭論,也不同意他的觀點,但莫雷知道有個簡單的方法可以檢驗那種論點。只要檢視以往的比賽資料,莫雷可以輕易判斷,阿爾斯頓第一節或上半場的成功表現,與他整場比賽的最終表現之間是否有任何關聯。莫雷凝神細視,卻毫無所獲,完全看不出阿爾斯頓最初投籃得分與之後的射球成功之間有何關聯。他最後做出結論:阿爾斯頓前幾次投籃、甚至是上半場投籃的表現,都不能為他之後比賽的整體表現提供預測值。

　　「我告訴甘迪教練,多虧了他,他相信我的論點,而且以後再也沒有採取那種做法。」

　　因此就這個例子來說,莫雷很在意是否有火熱手感,因為他知道這跟某位球員有關,他可以直接測試,而且可以運用這項分析數據來引導教練的決策。但是在一般情況下,他其實並不在意手感是否存在,因為他知道那個理論對他來講毫無實際價值。

　　「手感理論」主要的問題就在於:你很難在統計上加以證明,而且它的確說明了一些關於「認知性偏誤」(cognitive bias)的絕佳例子。

　　還記得第三章提到的「確認性偏誤」嗎?確認性偏誤當然可以用來解釋對「手感理論」的信念——投籃的球員

們只會記得他們後來投進的球，而不會記得後來失手的情況。因此，如同我們在第三章中主張的，要避免確認性偏誤，最佳方法就是「像科學家一樣思考」，像莫雷這樣的科學家會試著檢驗這項假設，而非全盤接受它。

♠ 無法用統計證明的事，不代表它不存在

不過，影響運動員表現的因素有很多，想要挑出可能由火熱手感所促成的連續得分，以便單獨加以處理，是相當困難的任務。統計學家們將這些資料稱為「噪音資料」（noisy data），要挑出由火熱手感所促成的連續得分，似乎充滿噪音——100分貝的噪音。這把我們帶回一切的起點：輪盤和猜硬幣正反面的遊戲。

在這兩個遊戲中，我們碰到由毫無意義的變異數所造成的連續性。連續出現11個紅色，意思與擲硬幣連續出現11個人頭一樣，都是隨機的，那是變異數，是「機率分布」（probability distribution）的樣子。

我確實相信，在球員的表現中，大多數的連續性都是由這類變異數促成，但我卻很難相信，火熱手感在某種層次上並不存在。這給我們上了一堂重要的統計學課程。**沒辦法用統計證明，並不表示結果是負面的，換言之，學者**

無法證明某件事，並不意味著「這件事不存在」。

這就像在說：你絕對無法證明耶穌是上帝之子，所以耶穌並非上帝之子。其實你尚未證明他是上帝之子，你只證明了「你無法證明他是上帝之子」。當然，這是動物的天性，因為要證明某件事「不存在」是很困難的，而證明某件事「確實存在」，就容易得多了。

因此，與其從統計學觀點來抨擊這個實際現象，倒不如試著從心理學的角度來解釋，並且試著從科學的層次來了解它的根源，再次像個科學家一樣思考。

「手感理論」的核心是：籃球射手投籃後，比較可能因為這次經驗而接著再度投籃。這是統計學家為了證明此一現象具有統計意義，所必須堅持的說法。但這也是非常嚴格的觀點，要是我們改說：火熱手感可能是球員在短時間內信心高漲，進而獲得高於平日的命中率呢？觸發這種信心的因素，有可能是之前比賽勝利，也有可能只是將高水準表現納入考量的清晰思維。

這裡有個很少人會爭論的說法：運動員的表現與他們的信心水準相關。換言之，信心愈強，表現就愈好。

這正是運動心理學艾略特（John Eliot）博士的工作重心，他對職業運動團隊和大學運動團隊提供諮詢，協助球員提升信心，進而在賽場上有淋漓盡致的表現。事實上，

他2007年與大聯盟的坦帕灣光芒隊合作，2008年便促使該球隊反敗為勝，首次打進世界大賽，這樣的成績甚至超越了席佛的預期。

艾略特利用腦波來界定運動員的信心。運動員要有良好表現，頭腦就必須冷靜，也就是 β 波低，而 α 波高。人們清醒，以及提問或是分析情況的時候，β 波非常活躍；比賽時 β 波高，會造成運動員對情況反應較慢，進而行動變慢，表現不盡理想。

自信心強的運動員往往 β 波較低而 α 波較高，他們會運用封閉迴路式的處理方式，在球場上做出決定。這種迴路，就如同促使我們在碰到極燙的爐子時很快縮手的迴路。我們是根據直覺本能和肌肉記憶，而不是根據任何分析結果，了解到「爐子很燙」後才縮手。

艾略特的工作重心，是帶領運動員做重複動作或是強化上述封閉迴路模式的賽前例行動作。這些練習的用意，是要加強例行動作、排除問題，進而降低 β 波和提高 α 波。重複這些動作，這些動作就會成為運動員的基準規範，就連碰到高壓或高刺激性的時刻也一樣。如果運動員充滿信心，頭腦冷靜，在賽場上就很容易持續做出封閉迴路式的處理。艾略特相信，這些是成功運動員的關鍵。

因此，當我和艾略特坐下來共進午餐時，他的一番論

調並未令我感到意外。艾略特一開始便細數那些反對「手感理論」的統計專家大錯特錯的種種原因。「現有的統計研究出了問題，因為它只問：一次投球會影響到另一次投球嗎？」他說道。「一次投球不會影響到另一次投球，但一次投球會影響球員的心理，而那種心理會影響下一次投球。」

艾略特繼續解釋，投球結果對球員心理可能會有不同的影響。對有些球員來說，這會提升他們的信心，但是對其他球員來說，這可能會削弱他們的決心。「不同的人對成功有不同的心理反應。悲觀主義者會對自己不尋常的成功感到訝異，並且追問這種情況何時會結束。當他們質疑自己的成功時，他們的 β 波會提高。」這類似體育運動中「表現失常」（choking）的觀念：某種情勢的嚴重性導致運動員的本能消失，而分析過多造成無法行動。這裡存在著一個非常真實的現象：運動員在賽場上不能想太多，才能夠成功。

此外，艾略特認為，已經做過的試驗並沒有公平看待「手感理論」的問題領域。「如果你能夠設計一項研究，來判斷手感理論是否存在，你會怎麼做？」我問道。

艾略特描述了一項利用「生物回饋」（biofeedback）的潛在實驗，在這項實驗中，籃球隊員們會戴上用來監測腦

波的軟帽，然後彼此進行一場比賽，艾略特會監視，哪些球員在成功連續進球之後，心理會比較平靜。經過一段時間後，如果冷靜的頭腦和成功投球之間的相關程度高，就能證明，有些連續成功投球的球員較具信心，因而會展現更多投球成功的情況。

但是艾略特承認，這絕不能「證明」手感的存在。事實上，當我聽他談論這個問題時，我很確定他與莫雷所見略同：針對手感做進一步討論，根本是浪費時間。他考量的重點並不是「一次投球是否會影響另一次投球」，而是「如何分析腦波以協助球員有更高水準的表現」。那種流程，每一位運動員都不同，而且可能與他們上次是否成功投球並無關聯。

艾略特和莫雷採取的觀點都很實際，而且老實說，這種觀點似乎比學術界的觀點要實用得多。統計界的人士當然應該將焦點集中在實際問題上，而非理想化的思考練習。究竟是以統計學證明手感的存在比較重要，還是試著從心理學的角度來了解手感，以便指導球員利用它比較重要？後者似乎實用得多。

我更深入鑽研這個思考流程之後，決定該是去找決定性研究提出者的時候了。我發了一封電子郵件給反對「手感理論」的海辛加教授，以便討論他的論文和研究成果。

我十分期待和他進行激烈的唇槍舌戰，因為我確定他完全相信自己的理論。

但是他說出來的頭幾句話，著實讓我吃驚。**「首先我要說的是，如果你想用統計學來觀察某件事，但卻找不到它，那並不表示它不存在。」**海辛加澄清。他開明又務實的態度，確實出乎我的預期。

我告訴海辛加，他的研究使得霍林格自稱為「手感的無神論者」，他聽了以後，忍不住笑起來。「如果他是無神論者，那我就是不可知論者。」接著，海辛加呼應一項重要的情緒。「從事這種研究，需要保持謙遜。我所做的只是檢視每次投球的可預測性有多高，我並未證實其他以外的事情。」

海辛加繼續談到最先開始談論「手感」的著名心理學家季洛維奇。「湯姆（季洛維奇）開始提出這個理論時，我認為他是對的。他試著證明，人們通常不了解隨機模式是什麼，也不懂得該如何妥善處理資料數據。」海辛加關注的是這項研究的實際應用層面：**研究重點並不是「手感」這種東西並不存在，而是人們不懂得「隨機」的真正意義，並且尋找根本不存在的順序模式。**

當我們繼續談話時，有一點很清楚：海辛加認為他的研究中比較有趣的部分是，球員們相信「手感」確實存在，

而這種想法實際上改變了他們的行為。剛投進球的球員繼續進球的機率，比一般球員高了16％，這指出兩種可能性，一是他們努力增加射球，一是隊員更常把球傳給他們，這是比較實際的結論。掌握這項資訊後，教練可以告訴隊員們：「各位，不要因為你之前投進了球，就以為你接著會再投進球。所以不要因為看到誰之前投進球，就認為一定得把球給某個人。」

同樣的，海辛加偏好的結論，遠比吸引大部分觀察家注意的論點實際。海辛加在意的，不是「手感」存在與否的問題，而是球員對手感的看法，以及它如何影響球員的決策。務實的莫雷要是聽到海辛加這番話，一定會藉此機會告訴甘迪，他應該告誡隊員：不要光是因為阿爾斯頓投進了一顆球，就一直把球傳給他。

這個結論遠比這個情況裡的替代選擇更可行。「籃球領域沒有手感這回事」，這樣的說法其實沒有什麼切實可行的價值，而且還有負面作用，因為它有損統計學的可信度。

♠ 贏家提出的問題都很務實

有許多人將寶貴的心力耗費在「手感理論」上，結果

如何呢？如果你談話的對象有參與過體育運動，而你還主張「沒有手感這回事」，那麼你表達反對意見，只會對整個統計學界造成危害，讓那些人將你的論點斥為紙上談兵的術語，在現實世界毫無立足之地。

這些關於「手感」的討論，可能讓你想起關於連續賭輪盤的討論，但其實這兩者之間有著天壤之別。**輪盤旋轉**的結果究竟會讓球停在紅色還是黑色，完全是隨機的，因此任何連續性都是變異數的結果，這與某位球員是否能成功投進球，不能一概而論。我會認同瑪拉斯和比奇的看法，主要原因就在這裡。我相信，某些球員有時候會因為初期投球順利而增添信心，而這種信心促成了日後的成功，也就是「手感」。不幸的是，這種案例少之又少，因此很難獨立出來，甚至難以用統計學證實。從許多方面來看，由於問題複雜度高，想要加以解決可說是相當不切實際。

我們從上一章學到，挑戰傳統並且提出問題很重要，根據這項心得，我們要補充說：**提出的問題必須有解答，而且這些解答會產生切實可行的心得，也就是說，問題必須務實，而繼續糾結在手感論「存在與否」的問題，並不算是務實。**

以籃球手感的個案來說，在超越關於手感論存在與否

的哲學問題時，我們發現了一些有益的應用。以金融領域而言，基金經理人或是選股者連續幾個月組合了一系列的高收益股票，就像有「手感」一樣，他們的短期成功是否表示未來也會成功？還是說，這種成功只是另一個變異數的例子，沒有什麼預測性可言？

同樣的，現有的文獻資料會讓你相信：就如同籃球領域，金融領域並沒有所謂的手感。不過，跟籃球難題一樣，我不確定那是不是重點。如果我要選擇投資標的，我一定會從以往績效良好的基金著手。當然，以往的紀錄並不是我會考慮的唯一因素，但卻一定是一個起點。我不會將最近的成功視為預測未來成功的最佳指標，而是會回頭檢視從我朋友鮑伯博士那裡學到的心得——重點不是你近幾個月的成效，而是過去幾年在你的職涯裡，你的成效如何？

如果我是莫雷，正在做關鍵的選秀決策，我會拿球員全部比賽的資料而非最近幾場比賽的資料來進行分析——我還會參考球員的基本技能、職業道德和技巧；尋找基金經理，也應該進行類似的周密審查——他的投資方法健全嗎？他的投資策略管用嗎？長期來看效果如何？也許，這種手感論變得平凡無奇，原因就在於它根本沒那麼管用。

回頭談談籃球手感。當我研究「手感理論」時，我對

它不切實際的本質感到挫折。統計學應該有實際用途，當我和莫雷談論一些在籃球上的統計學實際應用時，我們說到哪些統計分析結果可以應用在籃球場上，他強調「搶攻戰術」（two-for-one strategy）是分析法影響球場策略的一個例子。

搶攻戰術是NBA每節比賽接近結束時的最佳策略。NBA比賽對進攻方設下24秒的投球時限，亦即進攻方需在拿到球的24秒內要完成一次進攻，否則就得將球交給對手。在大多數情況下，投球時限在比賽當中不造成重大影響，因為球隊通常還不到24秒就投球了。然而，在每節接近結束時，球員有機會將這項時間限制轉換為自身優勢。

假設現在距離本節比賽結束還有45秒，如果你用完規定的24秒，對手就能夠充分利用剩下的21秒，在停錶前完成進攻，讓你沒有機會在那一節反攻。但如果你在剩下超過25秒時投球，你就能確定：除非你沒能搶到防守籃板球，否則你在那一節至少還有一次機會拿到球展開進攻──這就是搶攻戰術，你必須確保自己能獲得兩次進攻機會，而對手只有一次。

不過，賽場上的情況沒有那麼簡單。如果你投球投得太早，比方說投球後還剩38秒，對手就會獲得搶攻先機。

那麼該如何判斷投球的時機？你的直覺會告訴你：給對手留下30到40秒比較合適。不過，你的直覺夠準嗎？

這其實是相當簡單的問題，用統計學就可以解決了。所以，我決定上網查詢這個主題的相關研究成果。令我驚訝的是，搜尋結果竟然為零。為了做比較，我用Google搜尋「籃球手感理論」，竟得到111,000個結果。

我詢問周遭的籃球統計專家們，他們一致表示，確實有一些研究是針對這個問題而做，但是大部分都僅限於球隊內部使用，不對外公布。換句話說，聰明的球隊都做過類似研究，但是都將研究結果保密，他們想要保持自己的競爭優勢。

由於欠缺現成的研究資料，我決定向之前合作過的一位傑出友人德賈汀（Gabe Desjardins）諮詢，以便進行一項簡單的研究，判斷在採用搶攻策略時，在那一節比賽剩餘多少時間時投球最好？

我們分析NBA 2003至2004賽季裡每場比賽的資料，把焦點集中在每一場第二和第三節比賽的最後兩分鐘。略去第四節的資料，是因為比賽分數和運用暫停所促成的策略，可能會大幅改變資料。特別是，我們依據每一節比賽的剩餘時間（秒數），計算持有球權球隊的得分平均值，以及對手的得分平均值。例如，距一節比賽結束還有80

秒的時候，持有球權的球隊平均可以獲得3分，而對手的得分平均值為2.5分。當然，在這個例子中，你的球隊擁有球權，那一節預期的得分就會高些。整體的分析結果如下圖所示。

預期得分 vs 剩餘時間

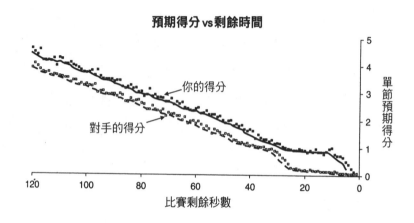

從圖中可以看出，你和對手未來的得分差距（主要是球權的價值），在比賽剩餘時間大於45秒時會保持一致，就是在45秒這個時點上，「搶攻戰術」會發揮作用。

下一張圖顯示：在單節比賽的最後兩分鐘內，每一秒鐘球權轉換後，預期得分的差距如何。持有球權的球隊預期得分總是會高於對手，所以我們試著找出轉換球權、將這種得分差距縮到最小的最佳時機。從下圖可以看出，最佳的時間點是33秒鐘。因此，投球以便運用搶攻戰術的最佳時間點，是單節比賽剩下33秒的時候。

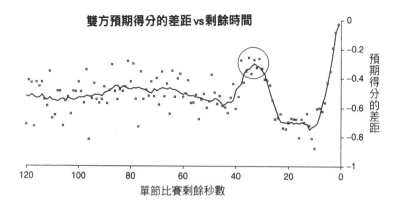

雙方預期得分的差距 vs 剩餘時間

預期得分的差距

單節比賽剩餘秒數

　　上述這個相當簡單的統計研究，產生了一個直接且實用的結果。這裡的關鍵字是「實用」，因為這項研究確實能讓每支球隊透過實際執行而獲益——這項發現回答了一個非常簡單但卻實際的問題：在每節比賽即將結束時，球員應該在何時投球，以盡量增加我方得分，並且避免讓對手得分？

　　這項透過籃球策略進行的分析，讓我們得到一個寶貴的經驗：**在面對理想的統計學世界時，實用性是很重要的**。當然，這項研究無法作為專業論文，刊登在《美國統計協會期刊》上，而是作為教練直覺上了解和採行的策略，同時它也是一項重要的結果。統計學世界中的諸多進展，可以歸功於提出困難問題的學者們，但是統計學運動的下一個階段，就要仰賴在真實世界裡願意擬定和採行搶

攻戰術等實用解決方案的人們。

♠ 歷史數據永遠不完美

此外，這項關於實用主義的心得，並不僅限於籃球場上。對於想要在自己的事業上獲得莊家優勢的企業，這是值得採納的心態轉變。

最近，電腦科學公司（CSC）舉辦一項分析研討會，與會領袖期望協助「客戶達成策略目標，並且因為運用資訊科技而獲利」。在會議上，電腦科學公司資深合夥人布萊克（Alex Black）呼應我21點導師們的說法，強調分析法需要顧及實用性。他提到以下來自戴文波特（Thomas Davenport）教授《魔鬼都在數據裡》（*Competing on Analytics*）一書中的引言：「如果用於決策的資料品質太差，公司應該要延緩實施分析競爭計畫，先處理資料問題。」布萊克強調，這種說法只適用於理想的統計學世界。

「公司不應該延後運用分析力來解決資料問題，而是應該繼續運用分析達成進展，同時盡力改善資料品質。」 布萊克說道。「資料永遠不會是完美的，因此，純粹根據分析來改進業務決策，是一個重要的起點。」

布萊克的話，是從實際角度而非理想化的角度出發。

的確，在理想的統計學世界中，你可以放下一切事情，專注於修正你的資料。但是在現實世界中，如果你正在運用分析達成進展，為什麼要停下來呢？

這番話讓我想起，早些時候我與比恩的一次談話。當時，我們正在討論該如何將分析應用於棒球以外的領域。比恩出於自己的職業習慣，很快將話題拉回足球。我抱怨說，足球的不確定性太強，不像棒球那樣資料完整且易於判斷。

記得我當時說：「在足球領域，運用統計學似乎不可能有什麼大作為。」而比恩當時的回應，跟布萊克的論點很相近，他說：「**沒有必要追求完美或是什麼大作為，只需要比現在的預測精準一些就行了。那會給你帶來足夠的競爭優勢。**」

有這麼多人投注心力，想要創造出能說服世人接受統計分析價值的突破或反向發現，但也許那個目標太過高遠。其實，運用資料和統計進行簡單分析，進而推動組織、產業或個人進步的機會比比皆是。**專注於實際的小問題，而非理想化的大問題，能讓你更快取得莊家優勢。**

在商業上，當你試著將分析納入決策流程時，要專注於可控管的實際問題。別像個學者般思考，一心只想證明某個放諸四海皆準的定理；其實只要有適用於你和你情況

的極端特殊個案，可能就足夠了。以莫雷的情況來說，知道阿爾斯頓之前的球場表現是否能夠預測之後的表現，是一項很實用的練習。同樣的，了解某位基金經理人在最近連續操作成功後的表現如何，將有助於你決定是否該把錢交給對方管理。

當你考慮使用統計和商業分析時，不要擔心方法不夠完美。你將會經常面臨似乎不可能完美打造模型的情況，但無論如何，你都不應該放棄採用數學和統計學來改善決策。回頭想想前一章的心得，無論是防範信用卡詐欺，還是美式足球比賽的例子，解決方案均非完美，但是它為業務創造出正向改變。講求實際，不過度理想化，你就能創造類似的改變，即使你最近並沒有經歷屢戰屢勝的情況。

第六章
養成用數字講故事、呈現大量資訊的超能力

> 「在審慎考慮統計數字沒有說出的事情之前,不要相信那些數字。」
>
> ──統計學家 威廉・瓦特(William W. Watt)

數字的真正威力,在於簡潔呈現「大量資訊」的能力。量化的能力,是統計資訊中相當基本、同時也最重要的特性之一。量化應用從20世紀中期起開始盛行,但是真正爆紅,是在美國數學家夏儂(Claude Shannon)的作品和資訊理論發表後。夏儂的主要貢獻之一,是使用數值衡量標準來摘述複雜的系統或流程。相關但是更簡單的概念,可以應用於許多商業情境中。

從賽馬到房地產投資,分析師們現在試著塑造「單一數字」,以回答困難的問題,或是簡化原本相當複雜的情況。這是極具挑戰性的任務,而且很不幸地,結果往往失敗。

困難處在於:要回答的問題牽涉到許多具有影響力的

變數，而且這些變數本身需要主觀判斷。在加入每一項變數時，要管理這些變數的互動方式和評估它們的綜合成效，就變得更加困難，因為必須有一個權衡體系才能夠判斷應該如何將每一個變數結合。

例如，想像你試著創造一個數字來回答以下的問題：「我應該買什麼樣的汽車？」如果價格是你唯一的考量，事情就很簡單。比較一下豐田的 Camry 和福特的 Focus，就能得出答案。但如果耗油量也是考量因素，你就得將它列為第二個變數。

同樣的，單一變數很容易比較，但結合這兩個因素來回答「應該買什麼樣的汽車」，問題就變得比較複雜。有些人可能手頭比較緊，因此會比較注意價格；另一些人比較注意環保和省油。他們權衡兩個變數時，這種二分法會產生不同的結果，因此這項任務可能會變得非常複雜，很快的，做決策就需要大量的主觀意見。

這是個複雜的問題，「決策分析師」的處理方式是指出每個人各有不同的「偏好」。這並不是說誰對誰錯，就如同買冰淇淋時，你不能說巧克力口味的就是「對」，而香草口味的就是「錯」；只不過大家的口味不同而已。因此，一致的偏好，是訂立客觀衡量標準並解決複雜問題的第一步。身為算牌人，我們就有這樣一個一致和簡單的偏

好，那就是——贏錢。

我們的難題在於：「我在這手牌上應該下多大的注？」因為我們的策略是建立在贏面大時就多押注，贏面小時就少押注，或是乾脆不押注。至關重要的是，我們隨時都要知道自己贏牌的機率。

在我21點算牌的全盛時期，我每天會練至少兩、三個小時。一下班回家，就在沙發上進行練習，自己跟自己玩牌。與此同時，我可以吃東西、喝水、看電視，甚至打電話。任何分心的事情，來者不拒，因為我希望訓練自己適應賭場的一切干擾，把賭場變成最輕鬆、最自然的玩牌空間。**我並不是說，商業上的數字分析一定要變成一種執著，但是與協助你做決策的數字共存，正是關鍵所在。**

我在算牌上花了這麼多時間，真正的意思是要確保自己總是可以「算」準——這是算牌中最重要的統計。如同前文所述，牌可分為高、中、低三類，算牌是追蹤你看到的高牌和低牌數目的簡稱，而簡稱聽起來較順耳。牌面上發出一張高牌時，就減1點；發出一張低牌時，就加1點，中牌則是不加不減。

因此，如果你看到十張低牌，兩張高牌和三張中牌，算牌的結果就是加8點（10－2＋0＝8）。這個數目就是我們的「標記數字」（signature number），它是觀察員用來

傳遞資訊給關鍵玩家的數字。這個數字會告訴關鍵玩家：牌桌上的牌是好是壞，以及機率對發牌員有利還是對玩家有利。

算牌得到的點數呈現了真相，它是我們的關鍵統計資料，說出我們對每一張牌的歷史所需要知道的一切，並且供我們在牌桌上能可靠地做出策略決定。我們每次都是藉由知道點數，才能夠贏得數百萬美元。

加21點的算牌結果，另外還剩下三副牌，就意味著：我們有3％的機率勝過賭場；減5點的算牌結果，另外還剩下五副牌，則意味著：與賭場相比，我們獲勝的機率低1％。我們極為了解這些數字。

我們所有的練習，都是為了確定每位成員能夠計算點數，不論碰到什麼令人分心的事物都一樣。我們經常開玩笑說，在練習的時候，可以很快地踢某位成員的腦袋一下，看看他是不是在任何情況下都能計算點數。正確追蹤算牌點數就是那麼的重要。

點數代表的意義是毋庸置疑的。它是絕對客觀的衡量標準，不受偏見所影響。可以肯定的是，在練習期間，如果兩位組員得出的點數不同，我們可以暫停玩牌，查清楚到底誰對誰錯。

點數的有效性很明確，因為它的邏輯顯而易見。點數

無懈可擊，是一項完美的數學訓練，完全以牌裡的數字和資料為根據，因此代表了對分析的一種完美應用。

但是在統計分析領域中，這樣「完美」的情況是可遇而不可求的。解決現實問題的量化方案，受到許多因素影響，無法單憑一個數字來概括。事實上，這些解決方案通常是反直覺式的，因此受到定量派人士稱為「非信徒」的人們密切注意。

數字能夠訴說的故事，和其他比較傳統的觀察方法所訴說的故事不同，要讓人接受這一點，並不容易。最好的例子，莫過於在我和NBA波特蘭拓荒者隊的合作過程中發生的一件事。

♠ 數字不是寬慰人心的工具

我2004年開始與拓荒者隊合作，當時球隊的新任球員人事總監普里查德（Kevin Pritchard）剛上任，他曾是1988年帶領堪薩斯大學籃球隊獲得大學籃球聯賽（NCAA）總冠軍的先發控球後衛。他在NBA打過六年，曾效力過五支球隊，後來甚至去西班牙和義大利打過球。1998年退休後，曾短暫在商界待過一段時間。

正是這段在籃球領域以外的工作，讓他對一件事情產

生興趣：分析可以在他的波特蘭拓荒者隊現行職務上扮演什麼角色？他與我的公民體育公司（Citizen Sports）簽約，想發展一套統計法，根據大學生球員的比賽統計資料來預測他們進入NBA後的成功機率。

透過一些相當簡單的統計方法，以及顧問阿拉瑪（Ben Alamar）的協助，我們建立了一個方程式。將某位球員在大學裡最後一年的統計資料登錄到方程式，就能夠得出他未來加入NBA後的成功機率。這個方程式根據不同需求和能力組合，針對不同的球員位置使用不同的統計數字，是言之成理的。「每分鐘抄截數」和「每分鐘助攻數」對控球後衛很重要，「投籃命中率」是得分後衛的重要指標，而「每分鐘蓋火鍋數」對大前鋒和中鋒至為重要，這全都跟我們的直覺一致。

每一年，我們公司會提供拓荒者隊一份球員名單與排行榜單，並且解釋為什麼某些球員的排名會跟公眾的看法有些差異，而拓荒者隊會挑選幾名他們非常感興趣的球員，要求我們對這些球員進行更詳細的分析。這是很好的來回互動，代表了分析師與球探之間難能可貴的真正合作，但是我們花了幾年，才讓這種愉快的合作關係順利形成。

在我們與拓荒者隊合作第二年後，升任球隊經理的普

里查德邀請我到訓練場館會見他的球探，並介紹一下我們的工作方法。這個機會令我興奮不已，我終於可以見到籃球界的「伯樂」。不過我馬上了解，這將是重要且微妙的會面，因為我確定，會議室裡的那些人很可能會對我準備推銷的理論提出質疑。

我依約來到拓荒者隊的訓練場館，見到三名球探、球隊助理經理及普里查德。我簡單地介紹了一下我們公司建立的模型，解釋每一季球員排行榜如何產生。上半場的簡報進展得很順利，因為籃球專家們大多表示贊同。但是進行到下半場時，我知道一定會有很多爭論出現。

當我拿出之前幾個賽季的整體排名結果時，普里查德和球探們立刻開始向我丟出一連串問題：「為什麼梅（Sean May）排名那麼前面？雷迪克（J. J. Redick）排名那麼後面？為什麼柯林斯（Mardy Collins）的排名這麼奇怪？還有，為什麼你們對奧爾德里奇（LaMarcus Aldridge）的統計結果，和我們的判斷差異那麼大？」

我試著解釋這個模型對每位球員的評斷，以及為什麼有些球員在統計上得分很高，有些球員卻分數低。梅在大學時進攻效率極高；雷迪克只有投籃這一個強項，而且連那一點都未達到原本應有的效率；柯林斯的助攻能力很強，而且每場比賽的上場時間都將近三十八分鐘；馬克斯

可惜只是個大一新生，球隊的資深球員很多，他不會有太多機會上場表現。這起先是個正向的問答過程，但後來普里查德顯得有些沮喪。他暫停會議，問道：「怎麼樣才能讓你的排名看起來更像我們的排名？」

普里查德在許多層面參與職籃聯盟，他做過球員，也當過經理。他在NBA打球和擔任教練多年，如今是聯盟中最炙手可熱的新生代管理者之一。總的來說，他以高水準球員、教練或主管的身分在籃壇耕耘超過二十年，對這個行業顯然瞭如指掌，對自己的看法也充滿信心。

我從未懷疑過普里查德的才識，但他提的這個問題似乎證明：他並不了解我們試著要做的事，或是我們在這個程序中的價值。普里查德希望我們的統計數字令人欣慰，此外，雖然他理解這些數字的價值，但他並不希望，這些數字和他的直覺及球探們告訴他的數字相牴觸。

「我們不希望我們的排行榜看起來和你們的排行榜一樣，」我迅速回答，同時繼續說下去。「我們的目標是以不同於球探的方式評估事情，希望從數字中看到單憑雙眼無法看見的東西。現實情況是，你們掌握了某些我們從數字中無法獲得的資訊。因此雙方的排行榜有差異是很正常的。」

「透過親自觀察球員和直接訪談，你們的球探可以看

到我們無法看到的事情。同樣的，我們考量整個賽季的每一場比賽，所得出的數字，當然能夠發掘球探看不到的情況。」

「我們運用分析，是因為它有助於制定明智的決策。分析不應該用來模仿人類的觀察；它們只是一項工具，用來衡量人類觀察所不及的事情。」

值得讚揚的是，普里查德了解我這番話，會議圓滿結束。自那次之後，我們在公事上配合無間，因為他和他的團隊意識到：**數字不應該是寬慰人心的工具，而應該是不訴諸感情，僅供加強決策的工具。它們代表了簡單的觀察所無法發掘的資訊。**

當普里查德要我們運用分析法，協助他預測上述大學生球員們未來在NBA中是否可以成功時，我們首先必須定義「成功」。為了讓這項定義通過所謂的「清晰度測試」（clarity test），它必須代表一個獨特的結果。

其實，怎樣才算在NBA成功？每個人可能都有不同的定義。有些人可能會說，入選「全明星」（All-Star）陣容是成功，也有人說，成為球隊先發球員就是成功。我們將成功定義為：在進入NBA的第三年，在自己打球的位置上，排進聯盟中的前十強（根據NBA一些進階統計標準）。想要回答普里查德的問題，最重要的一步便是統一

大家的喜好，並且選擇單一、一致且可測試的結果。

不幸的是，大部分人忽略了「清晰度測試」，誤解數字的力量或角色，試圖讓數字說些它們無法說的事情。這一點在媒體界尤其明顯。在電視或是其他媒體上，分析是否可信，完全由提出或討論它們的人所支配。如果提出時不正確或是不清楚，數字就會變得惡名昭彰——這正是重點所在。

♠ 被誤解的「偽統計學」

大學美式足球冠軍盃聯賽（BCS）排名系統在 1998 年推出時，承諾要以冷靜清晰和明確性，來取代球迷投票的方式。現在，統計完成了看似不可能的任務：不需要等到球隊決勝球場，就能預測哪支球隊將獲得「全國總冠軍」。

創設這個制度的克拉默（Roy Kramer）說：「我想強調，這不是選舉投票制。」他當時擔任東南賽區大會（SEC）委員，同時也是大家口中的「大學美式足球冠軍盃聯賽之父」。

克拉默是在對他的群眾，也就是數百萬名大學美式足球迷喊話。以前，冠軍隊伍是由美聯社記者們投票，以及由 ESPN 和《今日美國》的教練意見調查結果產生。美聯

社記者有區域偏見，教練們又滿懷怨懟，這種投票制度一直是爭議焦點，令球迷們感到沮喪。在1990年代，所謂的「冠軍」——1990年的科羅拉多、1991年的邁阿密、1993年的佛羅里達，以及1997年的密西根——引發的爭議，和冠軍本身一樣突出。

但是後來出現更好的方法，除了考慮美聯社記者和大學教練的投票結果之外，另外又加上了數據、電腦精算，以及聰明客觀的統計學博士提供的意見。有機會的話，博士們一定會大義滅親，支持真理而非偏袒母校。克拉默和他的煉金術團隊（球賽所產生的財源相當龐大）以「統計評分系統」（statistical rating system）的名稱來推銷大學美式足球冠軍盃聯賽，而且是強力推銷。

1998年賽季開始之前三個月，美聯社發表一篇名為〈冠軍盃比賽球隊將由電腦挑選〉的報導，對BCS排名系統提出質疑。這篇文章諷刺說，「新的評分系統非常複雜，每次召開電話會議，克拉默都需要花十幾分鐘向與會者解說。」

克拉默接受這種複雜性，並且贊成這項轉變。但他也巧妙地透露，BCS排名系統成功建立，真正的衡量標準是什麼。「人們對新的行事方法通常會有負面反應，即使新方法比較好，而且是根據真實的資訊和結果，不含太多

的主觀性。我們也希望有些人就用這種方式接受BCS排名系統。」克拉默說道。

可以確定的是，在這個BCS系統問世後逾十年，大學美式足球迷和教練對這個系統仍然頗有微詞。在最近的比賽過程中，德州隊教練布朗（Mack Brown）和佛羅里達州隊教練梅伊（Urban Meyer）還公開批評它；美國猶他州共和黨參議員哈奇（Orrin Hatch）在國會提議對BCS系統進行調查；就連美國總統歐巴馬都建議重新規畫賽制，開始推行季後賽。

但不論排名如何，球迷還是一如既往地支持自己最喜愛的球隊。儘管整個BCS系統的論述可能令球迷愣住，但克拉默的願望已經實現——人們已經把焦點從投票者轉向排名系統。

這個排名系統獲得商業上的成功，而不是統計學的勝利，因為它從來都不是要提供真正的統計。儘管BCS系統過去和現在一直代表這樣的意義，它卻無法黑白分明地表示球隊的表現，而只是使灰色地帶模糊不清的方法。

其中的祕密在於：BCS系統根本不是關於數字，大多數的反對者甚至不了解那一點。BCS系統其實是三個部分的組合，前兩個部分是人們票選的結果，與統計毫無關係。2009年時，這兩個部分是哈里斯互動民意調查（Harris

Interactive Poll）及《今日美國》教練投票。兩種情況都是人們對「最佳球隊」的看法進行主觀的投票，根本不是真正的科學。

BCS系統的第三部分內容是電腦排名，由六個不同的排名系統所組成。將電腦排名與人類見解結合，並不足以減少對電腦的仰賴；BCS系統創始者決定結合六種不同的方法，期望六種方法會比單一方法好，但卻完全讓人無法寄望能夠理解這些方法。

在這種情況中，統計只是要掩飾一項事實：新系統繼續讓大學美式足球成為主觀性僅略低於花式溜冰的運動。而這項挫敗，主要根源於人們的偏好概念和清晰度測試。BCS系統創始者從未對優秀球隊的衡量標準做出一致的定義，反而是讓投票者、教練和球迷自行主觀判斷，誰是全美最佳球隊，以及所謂的最佳球隊所代表的意義。

這該怪誰呢？當然，BCS系統的公式是一個數字、一項統計。所有異議、歧見和嘲弄，全都指向這項公式和這種數學，但投票者——教練們——卻未因為參與投票而受到任何指責。

我們從這裡學到什麼？偽統計敗壞了統計學的名聲。BCS系統玷污了這一代大學美式足球對數學的印象。

那麼，偽統計學究竟是什麼？為了加以界定，我們先

看看教科書中對於統計學的定義。韋氏字典將統計學定義為：「在一個統計（資料）集裡的單一條件或資料」，而資料的定義為「用於推論、討論或計算的真實資訊（作為衡量標準或統計）。結合了那兩項定義，統計就是用單一數字來表達事實。」

因此，BCS系統的問題在於：雖然它是以單一數字來呈現，但它其實是很多數字的集合，其中有些根本不是事實，而是衡量大眾意見的標準。不過它被假冒成一項事實的統計來回答「哪支大學球隊最優秀」這個問題。

普里查德要求我調整統計數字，以配合球探們的觀點，他其實是在要求我們讓統計變成偽統計學。我們拒絕他的要求，以避免數字再次遭到濫用。

體育迷們對客觀的要求相當高，不論客觀是否可能存在。由於供應產生需求，我們每天都會得到一大堆包裝成別種東西的無意義數字。

職業美式足球版的BCS系統，是稱為NFL「傳球手評分」（passer rating）的偽統計學系統。NFL傳球手評分是一個數字，用意是要透過分析數據來解答看似無解的問題：誰是NFL聯盟當中最優秀的四分衛。誰不想知道那個問題的答案呢？

其實這個數字背後並沒有什麼真正的統計學分析，它

只是把一堆表現資料彙集在一起。傳球成功率、場均傳球碼數、截擊數和傳球達陣次數……這些資料全都是納入評分器的因素。然而，公式裡缺少的是衝球碼數、首攻成功率，以及最明顯的數據：擒殺次數。如果沒有將轉換首次進攻或是避免統計的能力納入考量，你如何能夠評估四分衛的績效表現呢？此外，四分衛如果能同時以雙手和雙腳前進幾碼，將向對手施加巨大的壓力。這些因素當然也不能忽略。

事實上，了解內情的人士都知道：有些四分衛為了讓自己的傳球成功率保持在較高的水準，寧願被擒抱也不願選擇傳球。福斯電視台分析師比利克（Brian Billick），在2009年賽季最近一次的比賽轉播中就提到，他所認識和指導的一些四分衛實際上用了這種花招。

這種評分是不完美的數字，因為它無法衡量四分衛在賽場上表現的重要部分。更糟的是，設計者將傳球手評分設計得更不完美，因為他們決定（基於某種不明但必然很怪異的理由）把分數的區間定為0到158.3，沒錯，完美的得分是158.3分！即使在有邏輯根據時，數字就已經夠讓人困惑的了，這個評分制度增加的複雜性，讓傳球手評分甚至更荒謬。

這是偽統計學的問題所在，媒體裡談論偽統計學的頻

率，已經多到令人厭煩的地步。大家將它們歸類為統計學，而且認為它們代表先進的統計學運動。但它們的創造者通常對統計分析一無所知。以BCS系統來說，克拉默原本是大學美式足球大會的委員，而不是受過專業訓練的統計學家；傳球手評分的發明家史密斯（Don Smith）也不是什麼數學專家，事實上，他構思出傳球手評分時，才剛從NFL名人堂副總裁的職位退休。

在媒體中使用偽統計學會出問題，讓人們對統計學產生負面的看法。但至少，偽統計學的出發點是正確的：排除迷惑，讓生活輕鬆些。但是這種道理並不適用於媒體中其他的偽統計學情況。

♠「消費者物價指數」如何被操縱？

以經濟統計學，特別是通貨膨脹數字為例。眾所周知，過去二十年間，通貨膨脹率經常受到操縱。政府有很多誘因來控制通貨膨脹率。首先，通貨膨脹率上升意味著生活成本增加，並且迫使政府提高利率以抑制經濟成長。此外，社會保險和福利等政府應享權益支出，也與通貨膨脹率相關，精確的通貨膨脹率將耗費政府數億美元。

但是，通貨膨脹率既然是根據統計，而統計即是數

字，它如何能夠受到操縱？

　　道理其實很簡單。通貨膨脹率是根據「消費者物價指數」（CPI）等數字的增長來計算，而消費者物價指數的定義，是追蹤「一籃子商品和服務」成本的「複雜政府統計數字」，它在1920年代推出，但是從卡特政府開始，聯邦經濟學家們就介入操縱。

　　透過將能源和食物等昂貴項目從一籃子商品和服務中排除，政府就能控制消費者物價指數的增長。不僅如此，政府還發展出計算「核心通貨膨脹」的消費者物價指數新變體，其中排除了「面臨波動價格通貨膨脹」的項目。試著想想在沒有石油或食物的世界中生活，那就是政府要你做的事情。

　　要是將昂貴項目從消費者物價指數的一籃子商品和服務中排除，仍不足以抑制通膨數字，勞工統計局甚至會採取更創新的做法，改變計算消費者物價指數統計數字時使用的「加權因素」。因此，最後得出的數據低報了人們每天生活時經歷的實際通膨。

　　結果，通膨率使統計學的運用顯得荒謬，並且說明了人類可以如何操縱數字，直到數字失去正確性和相關性為止。因此，消費者物價指數淪為可悲而且遭到濫用的偽統計學。

但是跟BCS系統不同的是，消費者物價指數失真確實會有危害。選錯了全國冠軍球隊，比起政府制定錯誤的政策，根本微不足道。消費者物價指數不正確可能會使政府做出錯誤的決策。這些影響是真的問題所在，而且也說明了為什麼避免建立和使用偽統計學如此重要。**然而，不只傳統媒體是偽統計學常見的溫床，事實上，廣播與電視經濟是由偽統計學所經營的：大部分廣告的價格都是根據偽統計學制定。**

尼爾森（Arthur Nielsen）和他的公司於1950年代發展出評分系統「尼爾森媒體收聽率」（Nielsen Media Rating）。一開始是根據電台聽眾評估系統進行統計，目的是評估電視觀眾的人數和組成，最終的目標是建立單一的評分數字，計算觀眾的人數、將結果發布給品牌，讓品牌從更明智的行銷決策中獲益。

由於尼爾森的評估方法是將近五十年前提出的，難怪似乎有些過時。他們先針對人口中的一個「子集」（整體人口的代表）評估收視習慣，並且以兩個方式收集資料：透過「電視日記簿」，也就是目標觀眾記錄自己的收視模式；或是藉由使用電視收視記錄器，亦即連結到特定家庭裡的電視裝置。如今，「由觀眾寫日記來評估收視習慣」的概念著實可笑。

這種調查採用的人口子集，和整體人口比起來相當微不足道。要得知尼爾森收視戶數幾乎不可能，即使打電話去尼爾森公關部詢問也一樣，但是他們很審慎地選擇樣本人口內不同人口統計學資料的代表性分布，並且從這個子集推斷，以得出足以代表較廣大人口收視習慣的數字。

如果我們還在1950年代，這一切說法就顯得合理，因為當時整體人口少得多，電視也不普遍，而且只有三個頻道可以選擇。但如今顯而易見的是，那些方法在統計學上雖然合理，卻可能會產生較大的標準誤差。

這些標準誤差只是問題的開端。尼爾森最近才試著要將大學年齡人口的收視習慣納入考量，它現在還沒有將酒吧和公共場所等團體環境的收視率計入其中。如果加上網際網路和數位錄影機造成的收視行為改變，你就會得到已經過了巔峰時期的數字。

♠ 如何用「統計」分析廣告效益？

儘管如此，動輒耗資百萬美元的行銷決策，仍然以尼爾森的收視資料為基礎。重要的節目安排，取決於一小撮人決定要看什麼。節目被取消，職涯就此中斷，都是根據一個代表一小群人收視習慣的簡單數字。還有更多代價高

昂的後果，都是偽統計學造成的。

這是偽統計學真正的危險所在——它聲稱會精確簡潔地代表複雜的資訊，但與此同時，它卻揚棄或避免許多攸關流程的作用變數。在尼爾森的例子中，它缺乏足夠的資料來取得正確的結果。不幸的是，即使我們能夠說明更多評估方式，偽統計學還是會以不同的方式出現。下面以網路廣告和隨之而來的「每千次展示成本」（CPM）為例。

「每千次展示成本」代表廣告曝光一千次的費用／成本（M代表羅馬數字裡的千），從一開始，它就是評估大部分廣告活動費用的標準。它是電視廣告的資產，因為電視廣告是以每千位收看觀眾來計價。然而在網際網路世界裡，它變成廣告曝光數（CPM impressions），只計算廣告曝光的次數，但未提供關於觀眾的資訊，儘管如此，它仍然是大部分網路廣告的計價標準。

某個品牌在網站上打廣告時，一定會知道付費標準是「每千次展示成本」。然而，光靠「每千次展示成本」無法得知廣告效果究竟如何。如果要衡量廣告對該品牌的效果，「每次點擊費用」（CPC）或是「每次行動費用」（CPA）等更多進階的衡量標準才更有用，但是能夠透露的訊息仍然有限。

例如，Sonic速食連鎖餐廳想要推出一項廣告宣傳活

動，目標對象是運動迷。他們決定在體育網站 A 登廣告，該網站的「每千次展示成本」為 10 美元，那麼花 10 萬美元的廣告費就可以買一百萬次廣告。不過，如果廣告的目的，是讓球迷們進入 sonic.com 網站進行註冊以獲贈一份薯球，「每千次展示成本」就不能說明這個廣告的效果如何。相反的，Sonic 必須分析到網站觀看和點選廣告後實際註冊的人數，藉此評估效果。

廣告商十分渴望能評估自家廣告的效果，從觸及率、累積次數、總收視點、目標收視點等標準的建立，就可以證明這一點。但是在離線的世界裡，要精確掌握必要的資料以便正確評估廣告效果，一直相當困難。

例如，像 AT&T 這樣的公司如何衡量，在高爾夫球巡迴賽中放置自己的標誌，會有什麼樣的效益與價值？針對這個問題，我詢問了當時在 AT&T 負責贊助事務的執行董事麥吉（Tim McGhee）。

「我們計算公司標誌在轉播畫面中出現多久時間，並針對那些播出次數，計算滿 30 秒的有幾次，」麥吉解釋說。「但因為我們無法掌控訊息，就像對電視廣告那樣，我們會對自己在那個時段付費刊登的廣告成果打個折扣。」麥吉答道。

「此外，在標誌頻繁曝光的期間，我們會注意銷售額

是否有增加，」他繼續說道。「這種推論並不是很科學，但是我們很有信心——與像高爾夫球巡迴賽這樣的品牌產生關聯，是具有價值的。」麥吉總結說：「我們一直試著對廣告效果進行各種評估和實質審查，希望藉此將冒險程度降到最低。你寧可跳過人行道的裂縫，也不要冒險跳過一個大破洞。」

同樣的，這其中包含了廣告商想更加了解廣告效果的渴望，但是評估的問題出在資料上。網路廣告的情況應該不是如此。事實上，網路廣告應該是評估廣告效果的模型，但是答案遠比提供「每千次展示成本」還要複雜。

這清楚證明：商業上要將分析實際應用，或是建立單一數字來制定決策真的很困難。如果缺少一項小小的資訊，例如一盒牌裡剩下多少張牌，那麼連我們頂尖的21點算牌技巧都派不上用場。同樣的，如果結合「每千次展示成本」和其他衡量標準，就可以提供更完整的情況來評估廣告的效果。

回到Sonic餐廳的例子。我朋友想判斷他們餐廳購買的廣告效果如何，他們在乎的是：有多少人最終選擇進入公司網站註冊，並取得免費的薯球贈品？所以他們關注的是「註冊人數」。在這種新情況中，Sonic同時在兩個網站上刊登廣告活動，一個是我的公民體育公司網站，另一個

是運動網站，我們姑且稱之為ABCD.com。

　　Sonic的廣告在兩個網站上同時進行，公司購買了以「每千次展示成本」計價的一定數量廣告曝光數。你一定會問，為什麼Sonic不堅持按照每次點擊費用付廣告費？也就是說，除非使用者實際點選其中一個廣告，否則他們可以一毛錢都不用付。這種方式有問題，因為使用者點選廣告，並不能「保證」他們會註冊以取得薯球贈品。比起另一家的網站，我們可能會帶給Sonic更多符合資格的潛在顧客，因為我們網站的使用者特徵與Sonic的目標顧客特徵更為相符。

　　此外，Sonic的目標遠不只是送出薯球贈品，另外也希望讓運動體育迷增加對Sonic品牌的認識。每次點擊費用無法對Sonic提供關於這項功效的訊息。

　　因此，根據每次點擊費用定價並非解答。唯一的答案是「全程追蹤使用者」，就像第二章裡的零售商在整個銷售周期試著追蹤顧客一樣。這意味著：要先記錄使用者看到某個廣告幾次後才會選擇點擊？一旦使用者點擊廣告，要了解他是否真的造訪網站？以及他造訪網站多少次，才進行註冊以取得贈品？藉著找出這些問題的答案，我們可以評估兩個廣告的效果。這聽起來可能有些困難，但是比評估AT&T標誌的價值要容易得多。

這也就是本章的真意所在：**你要讓數字有機會說明「完整的故事」，才可以用數字來說故事**。這種情況很少見，因為統計數字的解說通常包含大量的主觀衡量標準。「每千次展示成本」的傳統對網路廣告不利，因為它只說明了部分的事情。同樣是一千位用戶，Sonic 應該付錢製作廣告給一般用戶看，而非給一千位素食者看，不是嗎？漢堡是 Sonic 主要菜單上的一項餐點，所以這問題的答案很明顯。不過，電視廣告的傳統卻一再引導我們重新回到「每千次展示成本」，這是有問題的。宏觀來看，Sonic 最後會在乎有多少人進入網站註冊，並獲得免費的薯球嗎？不會，那只是餐廳為了賣食物而做的宣傳。但不論廣告是在電視還是在網路上刊登都很難估量其效益。

♠ 找到標準，制定數據導向的決策

　　如果說我們從中學了到什麼，那就是：**資訊多總比資訊少好，而網路廣告讓你有機會了解更多，不會只局限於「每千次展示成本」**。到達那種層次的唯一方式，就是要求更多衡量標準。藉著建立網路上的新廣告標準，也就是更能夠說明全盤局面的標準，我們有機會對廣告抱持著較高的標準，不論廣告是在哪裡登出。或許到最後，我們還能

幫尼爾森一把。

統計學在我們的日常生活中扮演重要角色。利率、網路行銷預算，還有大學美式足球冠軍盃比賽，都是由統計學來決定。但令人害怕的現實情況是：在那些所謂的「統計學」中，有許多其實不是統計，而是屬於危險和誤導人的偽統計學。

21點沒有偽統計學存在的餘地。一切的數字是點數，點數是我們用來進行所有決策的統計數字，我們相信點數客觀公正，毫無偏誤，它總是很準確。但是點數並非獨自存在，因為沒有數字可以獨自存在。

當你在自己公司中尋求莊家優勢時，你需要找到自家版本的「點數」——你可以仰賴這種標準，協助自己制定數據導向的決策。但是，比找到正確數字更重要的就是：**避開偽統計學**。因為它會誤導你，而且在過程中使得真實、實用的統計學名聲敗壞。

♠ 避免「偽統計學」的四大原則

那麼，我們該如何建立能夠說明完整故事的標準，同時避免採用偽統計學呢？

首先，統計學應該建立在某種客觀的衡量標準上，

BCS排名系統就是一個反例，它有三分之二的結構很主觀。統計學只有採用了正確的資料，才能得出正確的結論。古語說：「種瓜得瓜，種豆得豆。」如果納入統計裡的數字一開始就是錯的，統計本身就不會有機會。想想四分衛評分器裡面的重要資料都被忽略了。

其次，統計應該易於理解，或者盡可能地簡單易懂。在四分衛評分器中，1到158.3的評分標準，顯然不符合簡單易懂的範疇。如果他們把評分範圍改成1到100呢？如果滿分是100，不是合理得多嗎？數字本來就夠難理解了，沒理由讓它們更複雜，用非直覺的方式呈現它們。

第三，統計學不應該用來支持謊言。美國政府操縱通膨率資料的方式，可能只為了滿足自己的需要，但是它也讓一般消費者對數字更不信任。有很多書專門講述用數字說謊的藝術，這種行為是人們痛恨並且不相信數字說法的眾多原因之一。在運用數字時，需要本著一定程度的道德，因為數字結果比單純的言詞更重要，必須要小心注意，數字提出的事情代表某種程度的事實。

最後一點，真正的統計評估的是有用的事物，而不只是容易衡量的事物。就此來看，統計必須有預測值，這一點是任何統計要面臨的嚴峻考驗。如果你試著要評估的事物無法用你的方法來衡量，你就需要改進你的方法，而不

是退而求其次，找那些關聯性較低的其他事物進行衡量。在網路廣告的例子中，「每千次展示成本」可以評估觀眾數量，但不能評估廣告的效果。為了掌握廣告效用的真實情況，你需要取得更多資訊和更多衡量標準。或者，你需要將手邊的問題，濃縮成單一面向裡的一個簡單標準，而且這個標準需要通過清晰度測試。想要解答複雜的問題，這個方法屢試不爽。

用數字來講故事或呈現資訊的能力，是在商業上取得莊家優勢的重點。藉著將焦點集中在統計的準確性、簡單性和完整性上，就能夠避免運用到偽統計學。這樣一來，你將可以真正駕馭分析的力量，並描繪出事情的全貌。

第七章

贏者「無懼」

「一個可以立即強力執行的好計畫，勝過下一個星期才能
出爐的完美計畫。」

—— 美國名將 巴頓將軍

現在你知道，有必要充分了解哪些外部力量會塑造數字，進而推動企業。你也知道，要合理的懷疑這些數字。但是，你心中仍要謹記一個要點：隨時都要有最壞的打算，才能夠避免外力影響數字。

我們在賭場中連戰皆捷時，會開始尋找新的賺錢機會，而那通常意味著在賭城拉斯維加斯之外尋找新賭場。1990年代中、後期，在科羅拉多州黑鷹市、新墨西哥州阿布奎基和路易斯安那州查爾斯湖等地，賭場如雨後春筍般出現，每一個賭場都代表讓我們大顯身手的潛在機會。

我們在每間賭場開幕時就加以評估：是否有21點的牌局？一注的上限額是多少？賭場21點牌桌的規則是什麼？賭場內有多少張21點牌桌？所有這些問題都是用來

評估：這些遙遠的地方是否值得21點小組一探究竟？

我們小組造訪過很多這類賭場，而且都是大獲全勝。如果我們從別的算牌員或是算牌小組那裡聽說，某個地區的某家賭場對算牌者的防備很弱，我們就會趕快派人去那個賭場大撈一筆。問題是，賭場遭受算牌員重創之後，那裡的管理階層就會開始防堵算牌者，總是讓他們沒辦法逗留玩牌。這是遠征賭場時不可避免的風險：我們無法知道，此行最後是不是徒然浪費時間，或更糟的是——浪費金錢。

在我21點生涯的中期，我們聽說路易斯安那州什里夫波特市突然間成為玩21點的好地方。另一個團隊一個週末就贏了超過10萬美元，而且那裡有四個賭場可供選擇。所以，那個星期我就帶領一個四人小組到什里夫波特市，準備複製那個團隊的成功模式。

什里夫波特市自稱為「南方下一個大城」，但對我們來說，它只是另一個賺錢的地方。我們週六一大早抵達那裡後，就立即前往馬蹄鐵賭場（Horseshoe Casino）。選擇這裡作為第一站，是因為據說這裡的發牌員眼睛眨也不眨地「採取行動」（對於我們的大額賭注見怪不怪）。

當時，我是小組裡的關鍵玩家。身為關鍵玩家，我要負責安排整個行程，更重要的是，要負責下大額賭注。當

我們進入賭場時，我注意到幾件事情。首先，這裡的亞裔客人很少。其次，大家下注的金額都很小。我意識到自己要引起一場騷動了。

但是，我拒絕讓這些雜念擾亂我的思緒。我們大老遠從波士頓飛來這裡，目的很簡單，就是要盡量贏錢，然後搭機返家。因此我們開始下注，一切都依計行事。事實上，事情的發展比我們預想的還要順利。接下來的兩個小時裡，我們贏了將近6,000美元。每次當我起身離開牌桌，手上的籌碼都比坐下來的時候還要多。當然，這都是經過設計的，但一般很少會進展得這麼順利。兩個小時後，我穿過賭場大廳，同時用手搓了搓後頸，暗示大伙兒，該是收手前往預定地點碰頭的時候了。

我知道這地區還有三家賭場，因此我覺得，離開馬蹄鐵賭場暫時歇一歇，接著再去其他賭場看看，是個很好的主意。賭場並不是讓你來贏錢的地方，因此，我們總是得見好就收。當你在新賭場很快就開始贏大錢時，賭場會注意到你，這時候轉移陣地就是明智的選擇。

我們在租來的車子上碰面，然後前往位於城市另一端的哈拉斯（Harrah's）賭場。我們討論在馬蹄鐵賭場經歷的情況，因為我要從隊友那裡收集情報。我尤其關切，他們是否感受到賭場監場人員散發出來的任何「高溫」

（heat）。我個人並沒有察覺到蛛絲馬跡，但有時候關鍵玩家會錯失觀察員所發現的細微差別。

「除了你和你的好手氣之外，我什麼也沒看到。」我的朋友羅比咧著嘴笑道。

其他隊友全都沒有發現任何異狀，他們覺得我們在哈拉斯賭場會很順利。儘管如此，我還是不太放心。我告訴隊友們：他們還是先進賭場探聽一下虛實比較好。如果一切看來沒問題，我再進去。

哈拉斯賭場其實建在一艘固定的河船上。當我們到達時，我並沒有馬上登船，而是坐在入口外的咖啡館，等待十五分鐘再上去。我一上船，並沒有直奔21點牌桌，而是在21點的周邊區域到處走動，看看是否有人在監場。

我立刻注意到，一位身穿深巧克力色套裝的壯碩男子也站在這片區域的周邊。如果你跟我們一樣常去賭場，你就會懂得從視覺線索來判斷人，像是識別證上的職稱、服裝材質或剪裁，以及微笑的頻率等——這個人一定是賭場的工作人員，再透過這一身筆挺而且剪裁得宜的服裝判斷，他的等級肯定很高。我猜應該是帶班經理，他在我前面距離不超過十公尺，而且顯然正在尋找特定的人。我知道他想找的人其實就是我。

他審視整層樓面，而我就站在他後面；我知道他很快

就會回頭看，所以就躲到一根柱子背後。這樣一來，如果他轉身，他就不會注意到我。不過還沒等他轉過身來，有個穿著普通西服的工作人員走到他身旁，拍了拍他的肩膀，遞給他一張紙。看起來那張紙好像是剛從傳真機裡拿出來的。我從柱子後面走出來，靠近那個穿深咖啡色西裝的人，想看看紙上到底寫了什麼。當我再靠近一些，我看到紙上有四個黑色長方形。再走近一些，我認出四個長方形裡的臉孔——那是我和三名隊友的照片！

我趕緊退回柱子後面。我看到有兩個人正用手指著賭區裡的羅布，也就是我的一位隊友。羅布鎮定地坐在21點牌桌上，完全沒有意識到大難臨頭。我已經擁有我所需要的確認證據，所以就離開這艘船。

我全身而退後，傳了訊息（那時手機還沒有普及）給所有的隊友：「高溫。趕快下船！」我走向停車場，發動汽車，然後等待其他隊員出現。後來他們一個一個地相繼下船，回到車裡，每個人在賭場裡都引起注意，只是情況各有不同。我不是見鬼了——那家賭場顯然有防範。

我們坐進車裡，努力思索接下來要做什麼。我們已受到導師們以某種方式訓練培養。我們來什里夫波特市，目的只有一個：利用統計學模型擊敗賭場。我們認為，沒有玩牌的時候就是在浪費時間，因為我們玩得愈多，贏得就

愈多。此外，我們趕著離開馬蹄鐵賭場時，我來不及兌換籌碼，所以身上還有超過7萬美元的馬蹄鐵賭場籌碼。我們決定回到那裡，評估情況，看看能不能在那裡再多賺點錢。

事後看來，這可能並非是最明智的判斷。這其實是我玩牌生涯中第一次成為這樣的關注對象。老實說，我當時並不確定該如何應付。我們沒有數學模型可以衡量自己受到關注的程度，並且對於該如何因應提供建議。相反的，這種實際情況需要某種判斷，而我並未準備好要做這種判斷。

所以後來我們就回到馬蹄鐵賭場。我們詳細討論如果被盯上該怎麼做。我會第一個進去，因為我還握有需要兌現的籌碼。兌現籌碼之後，如果我注意到有什麼不對勁的情況，就會立即離開。接著我會過街，隊友們會在租來的車裡等我。

當我走進賭場時，心裡著實感到不安。經歷了剛才在哈拉斯賭場看到的情況，「想要再多玩一點」的想法確實有些愚蠢。不過因為有很多錢已經押注，我大膽決定：無論如何都要在21點牌桌前坐下來，好試試水溫。我很好奇，想看看自己會受到什麼樣的關注。結果我一坐下，就注意到有個主管跑到電話機旁開始撥號。她講電話時，一

直緊盯著我。這顯然是更多「高溫」盯梢。

我當機立斷，離開牌桌走向兌換櫃台，把籌碼換回現金。我很快地發訊息給隊友，告訴他們別回來這賭場。我到兌換櫃台把籌碼放到檯上，等待兌換員清點籌碼。

「要現金憑據嗎？」她問道。

我很快回答：「不用。只要現金。」我把駕照拿給她，繼續等待。我能夠感覺到背後有很多雙眼睛在盯著我看。

兌換員拿著我的籌碼和駕照走開，我繼續等待，這時感覺度日如年。等她回來時，她先把駕照遞給我，之後又拿出六捆現金。她本來要打開幫我重新數一遍，但我直接把錢拿過來說：「不用數了，我相信妳。」

我開始快步走出賭場。正當我要走下主賭場的舷梯時，聽到背後有人叫我：「馬先生，馬先生！」

我轉過身，看到一位上了年紀的男士在後頭追著，他穿著灰色西裝，鬍鬚也是灰色的。他伸出手，我只好勉為其難也伸手和他握了一下。「馬先生，我是這家馬蹄鐵賭場的經理。我們都知道你們在做什麼。」

我想要裝傻，雖然我知道這樣做毫無意義。「呃，先生，我不太懂您的意思，」我自作聰明地回答道。

「你和你的朋友們也算盡興了，以後就別來我們這兒了。」他自信且斷然地說。

我知道多說無益，於是轉過身，快步走出賭場。我剛踏出門，就發現有兩個身穿西裝的男子在一輛敞篷小貨車裡等著。當我經過他們身邊時，他們隨即發動引擎，開始跟在我後面。我走多快，小貨車就開多快，以大約三公尺的距離緊跟著我。

　　我轉身看了看，這才發現，車裡有兩把閃閃發亮的霰彈槍，在臨時槍架上冷冷地升起。

　　那一刻，我心裡想的是：如果一個亞裔男子在這座城市消失，會不會有人注意到？

　　我加快步伐，但卻無濟於事，因為貨車很輕易就追上我，並且繼續維持三公尺的距離。當我走到這條路的盡頭時，我注意到隊友正坐在對街租來的車子裡，要是我可以跟他們會合就好了。但是正當我拐彎時，我發現一輛警車就停在我們車子幾公尺外。剛開始，我還覺得很安心，不過轉念一想，不由得疑懼起來，「慢著，萬一警察和賭場是同路人怎麼辦？」

　　我頓時不知所措。背後有一輛架著霰彈槍的敞篷小貨車，前面有一輛坐滿員警的警車。在腹背受敵下，我別無選擇，只能跑過馬路，快速跳進車裡，向同伴大喊：「開車！」

　　坐在駕駛座上的羅布立即猛踩油門；我們飛速駛離了

賭場。我從後車窗往後看，發現警車的燈光在遠處消失，小貨車也沒有跟上來。兩輛車彷彿都在警告著我們：要我們以後別再踏進馬蹄鐵賭場半步。他們成功了，我此後真的再也沒去過那裡。

我們那個週末暫停活動，先不去賺該賺的錢，而是記取教訓。我那天學到一個重要教訓：即使我們擁有根據數學和統計的計畫和策略，那項策略的實際執行面，還是會受到事前絕無法適當納入考量的外在因素所影響。**想要成功地實施計畫，你需要的不只是數學，還有判斷。**

對我來說，21 點一直都是萬無一失。只要上了牌桌，我們都是攻無不克。不過，我在什里夫波特市的遭遇，讓我知道我們有一個實際的弱點，而且這個弱點無法用電腦建立一個模型。

這聽來很可笑；我不確定，我在什里夫波特市時是否真的面臨生命危險，但是當時我真的有這種感覺。我們擁有非常可靠的策略，如果可以徹底執行，一定是所向披靡的。但實際執行時碰到的麻煩，對我們的判斷力提出一些重要的質疑：即便在哈拉斯賭場碰到那樣的情況，我卻還是繼續賭，是不是太過貪心了？是不是不應該暫停活動，改到其他賭場碰碰運氣？是不是在還沒有真正的「高溫」盯梢跡象出現時，就過早退出？

♠ 勇敢全力以赴？還是耐心靜觀其變？

　　我能夠成為一個成功的算牌員，上述種種的判斷力扮演重要的角色。在擁有更多經歷後，回顧過去，我覺得自己在什里夫波特市所做的決定大多是正確的。當然，我可以在馬蹄鐵賭場玩久一些，不過那裡的工作人員幾乎從一開始就盯上我們。轉往哈拉斯賭場試試水溫，也是正確的決定，因為你絕不會真正知道：賭場之間的聯繫程度如何。最後，玩完牌後離開馬蹄鐵賭場，當然是正確之舉。

　　這些判斷代表一種非常簡單的分析。比起不繼續玩的機會成本，繼續玩下去並且惹惱賭場，憤而將我的照片和名字張貼在全球每間賭場的機會成本，比較高還是比較低？當時我甚至不知道，業內有一家叫做格里芬偵探事務所的機構，專門負責替賭場排除我們這類眼中釘。如果賭場真的想要終結你，只需要把你的資訊交給格里芬偵探事務所，你的21點職涯就差不多完了。我確信，如果我那個週末繼續玩下去，格里芬一定逮到我。

　　在整個職涯中，每當面對這種情況，我採取的策略是「耐心」。沒有理由讓貪念或是怒氣支配自己的決定。在21點這種遊戲中，你無論如何都不可能把賭場搞垮。這可以回歸到我們「大數法則和眼光放遠」的經驗心得，太

過躁進終究會造成自我毀滅，破壞了讓自身優勢發揮的機會。

這裡有個重要的商業類比。很多投資人或企業家曾經面臨一個判斷抉擇：**知道形勢對自己有利或當自己擁有致勝的策略時，行事應該要有多積極？**需要在策略性的替代方案之間做出抉擇時，應該要全力以赴？還是耐心靜觀其變？需要做「龜兔賽跑」裡的烏龜？還是兔子？

這裡沒有放諸四海皆準的規則，但是在面臨這種情況時，一定要記得什里夫波特市的經歷。**想想與你的行動相關的機會成本，並且確定你的判斷不會受到貪婪或是急躁的情緒所擾亂。**一想到那些逼我離開賭場的打手，我就會記得：穩紮穩打，無往而不勝。

實際上，真正成功的算牌員並非只是對數學敏銳而已，「社會智能」也同等重要。同樣的，在商業中成功執行統計分析，絕不只是建立緊密的數學模型。在實際情況中執行策略或模型，需有判斷、規畫及紀律等諸多要素。而這一切，那天我在什里夫波特市全都試驗過了。

我們已經討論過「判斷」在成功上所扮演的重要角色，但是第二項要素「適當規畫」又是如何呢？在許多方面，規畫或是反向規畫出合理的計畫，是讓我們在算牌者中脫穎而出的因素。

規畫不僅僅意味著，預先思索某人何時何地要做什麼事——我們的規畫遠不只如此。我們精心定制的諸多計畫，這跟統計學並沒有什麼關聯，但有助於確保最高的獲勝機會，其中一項計畫就是偽裝的藝術。

　　在21點牌局中，「偽裝」的意思就跟字面一樣，是對賭場遮掩或隱藏本身實力和行動的藝術，如同先前提到的，賭場會讓你以為算牌是違法的，但如果你不使用小型電腦或計算機之類的裝置，算牌並不違法。

　　從核心來說，算牌就是用腦子在牌局中勝過其他人。這就跟玩「大富翁」的時候，我每次都贏你，因為我知道要得到最值錢的木板路（Boardwalk）和公園廣場，而你卻只買電力公司和自來水廠。總會有那麼一天，你開始沮喪，把棋盤扔到空中，說我犯規耍詐。我知道這種舉動聽起來很荒謬，但賭場就是這麼做的。

　　歐士頓（Ken Uston）是算牌界的傳奇人物，他就曾經為了自己玩牌的權利，而控告大西洋城的賭場，並且在州最高法院為自己辯護，最後獲得勝訴。

　　歐士頓並不是書呆子，他以優等生的身分從耶魯大學畢業，之後在哈佛大學取得企管碩士學位。他沒有像其他同學一樣，將所學應用到華爾街，而是決定投入賭場。他以算牌教授索普的早期理論為基礎，成為真正的先驅。他

帶領全世界最成功的幾支21點團隊，在1970年代中期和末期橫掃賭場，贏得幾百萬美元。你可能猜到了，歐士頓的團隊是被大西洋城賭場拒於門外的第一批人。

有人認為賭場可以將算牌者拒於門外，歐士頓質疑這種看法，他在1981年接受電視新聞節目《六十分鐘》的採訪時說：「基本上，我只是在賭場裡運用牌技，並沒出老千；我用的工具無非就只有自己的大腦而已。對於賭場禁止我玩牌的做法，我感覺很困擾。」歐士頓甚至推論說，禁止他玩21點「有違美國作風」。

對歐士頓來說，剝奪他在公開賭場玩牌的權利，是對公民權利的一種侵犯，而公民權利是受到國家憲法保障的。在新澤西州，法律禁止那些對一般大眾供應商品或服務的企業根據偏好，對消費者歧視或是拒絕提供服務。

1975年，歐士頓先對拉斯維加斯的沙丘和金沙賭場採取法律行動。1976年6月，他又對拉斯維加斯的另外幾家賭場提出類似的告訴，其中包括紅鶴希爾頓酒店、假日賭場、拉斯維加斯希爾頓酒店、馬里納飯店、米高梅飯店和銀市賭場。最後，在1981年，歐士頓和他的團隊被大西洋城的國際休閒城賭場禁止入內後，歐士頓再次提出告訴，後來改變了一切。

訴訟剛開始時，「賭場控制委員會」建議國際休閒城

賭場採取這樣的說法：賭場是私人場所，享有普通法財產權，可以基於任何理由拒絕對任何人提供服務，只要它的做法不違反州法或聯邦憲法即可（例如，因為膚色或性別而排除特定顧客）。1982年，新澤西最高法院不同意上述說法，並且宣判賭場禁止算牌者入內是非法的舉動。

法院主要權衡了賭場的財產利益和個人進入公共場所的競爭性權利，並且發現：當財產所有者將此財產向公眾開放時，他們無權在不合理的情況下排除任何人。法院認為，因為某人的數學頭腦高超而拒絕他入內，可以說是毫不合理。因此，新澤西的賭場不能禁止算牌者入內玩21點，但仍然可以另外制定限制措施（例如更改21點的規則），讓算牌者難以贏錢。

在拉斯維加斯，法律限制有些不同，因為內華達州法院認為賭場是私有企業，而且更加重視普通法權利（經營者有權基於任何理由將任何人逐出其地產）。「禁止算牌者入內」算不上什麼歧視（最起碼並不包含在州和聯邦憲法對歧視的定義中），因為聯邦最高法只禁止歧視屬於「可疑分類」的人們，也就是種族、信仰、性別、國籍、年齡和身體殘疾這幾類。算牌者並不符合任何一類，因此，根據內華達州法律，歧視有能力或是有意使用高明賭術的人，並未侵犯到對方任何公認的憲法權利。

簡單來說，在內華達州，算牌雖然稱不上犯法，但是玩21點的權利並不受法律保護，而且甚至會被賭場拒於門外。

　　歐士頓在法律領域上的奔走，令算牌員大為感激，除此之外，他推出的團隊合作概念，也為眾多算牌員所稱道。「團隊合作」是最佳偽裝形式之一，這也正是我們麻省理工21點小組在1990年代運用得相當成功的概念。在團隊合作中，幾組算牌員分別扮演不同角色。第一種角色是「偵察員」，主要工作是記牌。他們可以選擇站在牌桌後旁觀，或是在牌桌上小額下注，而且應該盡可能保持匿名。當牌局的勝算變得有利，可以開始實際下注時，他就會交叉雙臂或是用一手摸臉，向「關鍵玩家」示意，接著關鍵玩家就會走到那張牌桌邊，關鍵玩家一走過來，偵察員就利用暗號告訴他：這張牌桌的算牌結果。

　　一般來說，偵察員說暗號時的音量大小，只夠讓關鍵玩家聽見，但其他時候，他會假裝對著關鍵玩家以外的任何一個人說話，並在話語中加入暗號。比如說，在關鍵玩家走近時，偵察員可能對莊家說：「老兄，你剛剛把我的薪水全贏光了！」這樣一來，關鍵玩家就知道這桌的算牌結果是15；如果偵察員對莊家說：「你知道賣香菸的那個女士在哪裡嗎？」關鍵玩家會用手碰一下自己的鼻子，表

示自己已經了解，香菸代表算牌的結果是20。這時偵察員會站起身，離開這張桌子。

這種團隊合作，歐士頓多多少少都算是其發明者，而且這也是我們偽裝自己的最佳方式。我們透過團隊合作，極為成功地矇騙過賭場，因為賭場並沒有查看這種情況。這並不是什麼新概念，歐士頓多年以前就用過了，不過等到我們開始認真玩牌時，賭場幾乎已經忘了歐士頓。他們握有算牌者的個人檔案，那個人會一直坐在牌桌上，開牌時下比較少的注，最後才增加下注。他們很少注意那些中途加入牌局的人。

當然，進行團隊合作需要詳加規畫，但我們花了很多時間做配合練習，因為這讓我們能夠應用牌技，而且應用的時間很長，遠遠長過用其他方式所維持的時間。執行致勝的策略時，不能洩露你的盤算，讓全世界的人都知道你在做什麼。我們必須擬定計畫，讓外人看不出我們到底在幹嘛。不幸的是，外人最終還是趕上我們的腳步，並促成我們的毀滅。

策略曝光造成另一群麻省理工學院的天才失敗。1994年成立的長期資本管理公司（LTCM，以下稱長期資本）集結了當時金融業的佼佼者，公司的創始人梅里威瑟（John Merriweather）是債券交易的先驅之一，不僅改革

了金融業，而且建立所羅門兄弟公司（Salomon Brothers）裡最成功的交易團隊之一。由於不可抗拒的因素，他被迫離開所羅門，後來自創公司，集結了業界的精英，其中不乏博士、金融學教授，甚至還有兩位成員後來獲得諾貝爾經濟學獎。此外，該公司還網羅許多擁有麻省理工學院學位，以及從芝加哥大學、哈佛大學等名校畢業的人才。

♠ 天才殞落的借鏡：長期資本公司

長期資本的故事，如今已成為商學院和金融課程中傳授的一個警世故事。簡單來說，該公司運用複雜的數學模型和金融理論，創造能夠低價買入、高價賣出的交易策略。長期資本往往是成對（買賣雙方）進行交易，這和證券類似，但是基於某種因素，兩者的定價不同。這間公司會將高價的證券賣空，並買進低價的證券。只要市場最後了解這兩部分其實是類似的，兩者的價格就會趨於一致，他們便可將低價證券賣出，透過價差賺取利潤。

創立的前四年，長期資本相當成功，分別創造了28％、59％、57％和25％的總報酬率。但到了第五年，也就是1998年時，該公司碰到了釘子。同年8月，俄羅斯發生金融危機，造成它延期償還新發行的國債券。這不

是第三世界國家，是俄羅斯，一個核武超級大國！這項空前的事件，引起全球金融市場的嚴重動盪。

傳統經濟學理論有個很重要的觀念，那就是「人的行為是理性的」，而理性的行為正是長期資本所仰賴的，因為他們等待市場最後將他們兩個配對的部分給予相同的定價。暫時的市場動盪造成不理性的行為，而不理性的行為一延長的話，對該公司不是件好事。著名經濟學家凱恩斯（John Maynard Keynes）的名言一語中的：「市場上非理性的狀態可能會持續很長，甚至直到你破產的時候。」

這就是長期資本的模型和現實世界的真相差異所在。文藝復興公司的西蒙斯也以智慧之語，一針見血地指出：「收斂交易（convergence trading，長期資本的策略名稱）的問題，在於它沒有明確的時間表。你說不同商品到最後價格會趨於一致，那『最後』到底是什麼時候？」

金融危機爆發的第一天，長期資本就虧損5億5,000萬美元。但那只是個開端。最終該公司虧損了超過91％的資本──1998年初原本有47億美元，到了8月中旬時，只剩36億美元；在可怕的五週震盪過後，該公司的資本只剩4億美元，而且急需金援。

在這五星期的末日期間，為了尋求這種金援，長期資本不得不扭轉一貫祕密和偽裝的作風，即使這種作風曾經

使他們四年來在毫無競爭者可以匹敵的情況下，執行致勝策略。由於該公司希望競爭者挹注現金以提供協助，他們不得不將自己的分析方法和數學模型作為交換條件。

長期資本最大的恐懼很快就成真。投資家羅溫斯坦（Roger Lowenstein）在《天才殞落》（*When Genius Failed*）一書中寫道：「獲得情報的公司紛紛拋售長期資本持有的證券類型，以防受到該公司一連串清算動作的牽連……時任長期資本合夥人的希爾布蘭德（Hilibrand）所言不假，『你一旦公開自己的祕密，就會被扒個精光。』他說。」

這就像玩牌的時候，只有你得到翻開的明牌，其他人的牌面皆是朝下——如果大家都知道你手上有哪些牌，你注定會失敗。長期資本的情況是這樣，我們21點小組也是這樣。

在商業界，「驚奇」的元素是很重要的。**無論是面對競爭對手的顯著情況，還是其他沒有那麼直接的情況，「驚奇」都有助於提防別人知道「你在做什麼」。**最近我一位朋友要開新公司，我幫他擬定公關策略。六個月來，他的公司一直以隱密的方式行事，也就是不和媒體談話，並且對營運作業諱莫如深。我跟他們討論應該如何規畫、向全世界宣布新公司成立的消息時，他們表示想要透過部落客慢慢將消息釋出，之後再向《華爾街日報》或《紐約時

報》之類的大型媒體進行發布。

問題是，一旦你讓人看得一清二楚，《華爾街日報》或《紐約時報》等大型媒體就不再對你感興趣。所以我建議他們繼續保持神秘，直到他們準備好讓主要媒體報導為止。保持某種程度的隱諱，等一段時間後，再正式接受一家大型媒體的採訪，會讓他們處在更有利的位置。

但長期資本的問題，遠比失去任何類型的神祕性來得嚴重。它的核心是非常真實的「人」的問題，是數學模型所無法說明的問題。市場一直預期美國會對俄羅斯紓困，因為美國人負擔不起核子超級大國破產可能引發的危機。但是柯林頓總統可能因為其他事情而分心，當時他正因為和路文斯基的性醜聞而遭到彈劾，而且有更迫切的事情需要處理，就是應付他的太座。結果，俄羅斯問題的優先順序更低，到頭來遭到忽略，也就是一個難以預先規畫的最差情況。

這其中存在著一個更大的問題：為最差的情況「管理風險」的需求。

♠ 風險控管的真義

身為21點小組，我們是風險管理專家。首先，我們

需要遵循一套非常嚴格的現金管理計畫。即使我們有優勢來跟賭場較量，這種優勢仍相當小。此外，還記得第一章中「擲硬幣」的比喻吧？**當你擁有少許優勢，你需要確定自己擁有很多機會去實現那種優勢。**由於擁有的資金有限，我們必須根據考量到整體資金的計算結果來下注。

我們採用的現金管理策略，正是索普在其著作《擊敗莊家》中討論的「凱利公式」（Kelly Criterion）。這個規則以貝爾實驗室科學家凱利（Jon Kelly）的名字命名，該公式可供人們根據整體資金和每一局的優勢來判斷「最佳押注金額」。

簡單來說，優勢愈大，押注金額愈大；優勢愈小，下注金額愈小。索普將這個公式稱為由算牌衍生出來的最偉大財務類比。「優勢愈大，押的賭注就愈高」。同樣的，如果沒有優勢，「凱利公式」會告訴你：全都不要下注，這表示，如果你精確地按照凱利公式在賭場裡玩，那麼你絕不能玩吃角子老虎、輪盤和骰子這幾個項目，因為你沒有優勢。在所有情況中，下注的金額是整體資金的一個百分比。如果運氣不好，整體資金縮水，凱利公式會告訴我們：要按照縮水的資金減少下注金額。遵循凱利公式，要輸光所有錢的機率微乎其微。

對算牌者來說，「把錢輸光」是最大的罪過。無論是

在旅途、會議或是玩一盒牌的期間，把錢輸光就意味著自己丟掉了翻本的希望。更糟的是，如果你在牌局進行的過程中沒錢繼續下注，很可能就無法執行「基本策略」。

想想看：如果你拿出最後兩枚 1,000 美元的籌碼下了兩手的注。發牌過後，你左手的牌共 11 點，右手的牌是一對 A。此時，面對著莊家的一張明牌 5，如果你已經沒有錢，你就只得針對 11 點加牌，並且放棄贏得另一個 1,000 美元的大好良機。不僅如此，你沒辦法分牌，兩張 A 就不得不當作 2 點或是 12 點進行計算，這就導致一項重大的基本策略錯誤。

這是一個極端的例子，但即便是更溫和把錢輸光的例子，同樣讓人難以接受。假設你正在算牌，前幾局拿到一連串小數字的牌，當你連續打這些牌，一直讓你大輸。你拿到小數字的牌，真的可能遇到上述情況，我們知道這些牌對莊家有利，對玩家不利。

現在假設你在前幾局中並未有效管理自己的賭注大小，在你連續七局輸牌時，籌碼用完了，這時候機會對你相當有利，因為大部分數字小的牌都已經發出。但你已經沒有錢繼續下注，只能退出遊戲。你玩了七手牌，這些牌的勝算都很渺茫，即使知道接下來的情勢對你有利，你也束手無策——這並不是好事。

馬伊曼（Philip Maymin）原是長期資本的交易員，1996年夏天進公司，一直任職到1999年4月。他經歷了公司的大起和大落。**「我從公司學到的最大教訓是，要注意風險管理。你必須確定你有足夠的資金，經得起最惡劣的情況，」**馬伊曼向我解釋。這些話讓我想起我們的統計學原則和鮑伯博士的那些破產客戶。如果他們了解這番話，就能夠捱過連戰連敗的「最壞情況」。

　　在我們的21點世界裡，我們會確定最壞的情況不會發生，而且每個人一次賭注與總資金比起來都非常小。如果我們失手，接下來的賭注就會隨著資金縮水而變得更小。不幸的是，長期資本缺乏流動性，所以沒有這樣的選擇。他們被迫面對始料未及的最壞情況。他們根本沒有資金繼續堅持下去。

　　但其實他們本可不必如此。2007年末，在這樣的逆境尚未發生之前，長期資本的合夥人們做出一項當時看似謹慎的舉動：將基金的規模縮小，把27億美元還給投資人。這些合夥人在該公司的前四年賺了許多錢，如今他們想要確保自己的投資能獲得和之前一樣高的相對報酬，要做到這點，唯一的方法就是把錢還給外部投資人。

　　我們其實也曾面臨類似的情況。我們早年在賭桌上攻無不克，因此得到許多資金，就像長期資本一樣。後來我

們開始僅限小組裡較為活躍的成員投資，但是在每一個點上，我們都會確保：我們擁有的整體資金具有流動性，而且足以讓我們捱過最壞的情況。此外，由於遵循凱利資金管理規則，我們一律依資金的多寡按比例增減投注金額。

把錢還給投資人的做法，也顯示長期資本將焦點集中在預期成功而非預期失敗上。其實，**風險管理的焦點應該集中在最壞的情況，而非最佳情況，一定要先考慮到最壞的情況，然後再擬定策略。**

在面臨現金太多或是機會不足的情況時，必須謹守紀律。如果有超過100萬美元的資本，我們知道可以每局平均下注2,000到3,000美元，在特殊情況中，每局最多可以下注1萬美元。但如果我們有雙倍的資本，我們每局的賭注也必須差不多翻一倍。若非有嚴密的監控，不會有太多賭場接受這麼龐大的籌碼。所以我們沒有測試對方的極限，而是謹守紀律，將資本規模維持在100萬美元左右。

即使當我們的21點職涯接近尾聲，我們仍須謹守紀律。隨著機會（可獲利的賭場）逐漸減少，我們仍然將焦點集中在提供最佳21點遊戲的少數賭場上。我們不會因為需要採取更多行動，就在自己知之甚少的遊戲中尋求機會。我們並未組成一支骰子小組，因為我們知道自己不會在其中得到優勢。

不幸的是，長期資本的交易員並沒有類似的紀律。最初幾年的成功，使得該公司的規模相當龐大，交易員抱怨說，透過傳統交易策略得到的投資機會少之又少，後來有些人嘗試在自己擅長的領域之外尋找機會。這就是所謂的「風格轉換」（style drift）——可想而知，大多數人都以失敗告終。

　　長期資本的故事教導我們：當天才們理想的數學和電腦世界，與實際上由理性和非理性人類所操縱的真實世界相衝突時，天才可能會面臨的問題。在什里夫波特市的不幸遭遇，讓我們的21點小組策略面臨類似的挑戰。

　　「規畫」是在商業上取得成功的要素。從具備一項能夠協助你「保持偽裝」的策略，到為了因應最糟情況而管理資源，都不能小看規畫的重要性。

　　最後，商業上的紀律，可能是我們從什里夫波特市和長期資本學到的關鍵心得，這一點顯然知易行難，不論是不費吹灰之力獲勝，還是輸個精光，在這兩種情況中，**你需要運用紀律，堅守體制，堅守你知道管用的做法。不要讓你對某個情況的情緒影響你。**

　　當你想到我逃離什里夫波特市那些壞人的情景時，希望這件事能提醒你這些教訓，並且避免犯下和梅里威瑟與他那些手下相同的錯誤。

第八章

贏家如何用「機率思考」 做出對的決定？

「勝利不是全部，而是唯一。」
—— 美式足球教練　隆巴迪（Vince Lombardi）

還記得第三章提到的那個小熊隊球迷嗎？

在芝加哥時，手氣正旺的他不希望我跟他同桌，而且嘗試說服我不要上桌——如果我聽他的，我就不會下場玩一手，整個隊伍也會因此少賺6,000美元；如果我聽他的，在拿到A跟7時不補牌，更不要雙倍下注，我就會贏得整桌的籌碼。

當然，根據結果來判斷決定的對錯是不公平的，應當根據理論上會「少贏的金額」來判斷。

判斷決定的優劣絕不是單看結果這麼容易。不好的結果不一定代表是決定做得不好。同樣的，好的結果也不一定代表是決定做得好。很少人憑直覺就可以明白這個道理。

♠ 就算最後的結果是好的，也不代表你做的決定是對的

事實上，大部分的人都相信：如果結果是正面的，則決定必定是對的。但舉一個比較極端的例子，就可以了解這樣的想法錯得有多離譜。假設我決定今晚開車回家——這是對的決定，因為我沒有其他回家的辦法，而且我必須回家。如果回家途中我發生車禍——這是個不好的結果，但不表示我原本的決定是錯的。

同樣的，在玩21點時，如果有人拿到20點的牌還補牌，碰巧拿到整疊牌中的A，這對他們有幫助，但不表示該決定是對的。正面的結果不表示決定是對的。

決定和結果是兩回事。決定的品質，可依據做決定使用的邏輯和資訊來評估。長期看來，能做優質決定的人通常會得到較好的結果，但樣本數要夠大，才能證明這件事。拿到20點時又補牌，十三次中有十二次的機會，你會立刻輸牌（只要沒拿到A）；知道A絕對會出現，並且會帶來好的結果，其中並無合理的邏輯可言。

還記得第二章提到我的朋友布萊恩嗎？他相信，因為輪盤已經開出好幾次紅色數字，下次一定會開出黑色數字，如果他在黑色數字賭贏了，那並不表示他做了對的決

定。我們知道：他在黑色數字賭贏的機率不到50％，而且因為他的損益均等，亦即賭1元贏1元，所以這是個不好的賭注，不好的決定。

因此，坐在小熊隊球迷旁邊時，我並沒有查看結果，亦即贏得的6,000美元，此時反倒需要算算，如果不玩，理論上會少賺的金額。假設當時我手邊的牌有2％的優勢，且我下注的金額總共是4,000美元，我不玩，整個團隊會損失80美元——工作一晚能賺這麼多，仍然是相當不錯的。

忽略小熊隊球迷說的話很容易，但做對的決定並不一定總是那麼容易。在我21點職涯初期，在忽略外在因素的能力方面，我面臨了更加艱困的挑戰。加入這個團隊滿一年後不久，在超級盃期間的某個週末，我在米高梅大賭場酒店玩牌。在那之前的一年，我們非常成功，也對於自己的系統相當自信，一次下注5,000美元根本是家常便飯。

米高梅大賭場酒店在全盛時期以幾近瘋狂的速度營運。這家酒店的規模很大，就如同好市多版本的賭場一般，但它是個玩21點的好地方，不但牌桌多，總是賭客盈門，而且場子裡大部分賭桌的下注上限高達1萬美元，非常誘人。同樣的，我們經歷重大成功，每到週末就贏了大把現金。我們下注的賭金單位達到新高。此外，超級盃

週末帶來高賭注輪盤玩家的人數，幾乎比其他週末都多，這也使得我們過高的賭注較不引人注目。

踏進賭場時，知道這次可能會有重大的結果，是一件令人興奮的事情。唯一不確定的是結果好不好。如前所述，我們相較於賭場的優勢極微，變異性很大。因此，下注金額比平常再高一些，當晚可能出現的變動會更大。

記得是1996年1月27日星期六的晚上，我身上帶著將近15萬美元的現金和籌碼，一些是塞在我黑色西裝外套口袋裡的百元大鈔，一些則是塞在我褲子口袋裡的5,000美元籌碼。但這些都是我當晚準備下注的賭金。我在賭場裡繞了一圈後，注意到我的朋友保羅雙手環抱胸前，站在牌桌旁，這是那桌贏面頗佳的信號。我很快走到他跟前，他口中吐出「薪水支票」這個詞，表示這桌的點數是15。

我在這桌的空位坐下來，迅速地打量了一下旁邊的廢牌。牌桌上應該還有兩副半的牌，點數15，加上最低賭注單位是1,000美元，我當下決定下注5,000美元。我在每個押注圈裡各放了一個5,000美元的籌碼。

莊家大聲喊道：「巧克力上桌！」她指的是我剛放上牌桌的巧克力色5,000美元籌碼，這麼做是為了吸引監場經理的注意。監場經理名叫賴瑞，和我很熟，他原本正專

心看著記事板，這時抬起頭來，一見是我，就大聲跟我打招呼：「嘿，李先生。珍娜，請繼續。」我微笑著對他揮了揮手。李先生是我最喜歡的化名之一。

我第一回合分兩手下注，其中一注20點贏牌，另一注14點則是因為拿到一張8而爆掉。但是，點數出乎意料地不斷上升。眼見桌上只剩下比兩副稍多的牌，且當時點數是20，因此我決定分兩手下注8,000美元。我在兩個原有5,000美元賭注的押注圈裡分別加碼三個黃色的1,000美元籌碼，等待莊家發牌，後來莊家發了一張讓我贏得21點的牌，另一手則發了兩張10點的牌。當時莊家有一張明牌6。我很快地掃視全桌，算出莊家的牌目前是17點。

桌上剩下不到兩副的牌，而且點數這麼高，如按數學原理來玩，我理當將兩張10分牌。對，你沒聽錯。我必須將兩張10分牌。我在短暫的21點職涯中從未將兩張10分牌過，因此開始覺得慌亂。

將兩張10分牌，背後的數學原理其實相當簡單。當你手上有20點，相較於莊家的6點，粗估約有85%的機率可以贏這手牌。因此期望值是0.70（0.85－0.15）乘以當時的下注金額，在這個例子裡是8,000美元。在20點停牌的期望值是5,600美元。

假如將兩張10分牌並且加碼為8,000美元，那麼牌桌

上新的期望值便是每一手的期望值相加。10點相較於莊家的6點，約有64％的贏率。在此情況下，期望值為0.28（0.64－0.36）乘以1萬6,000美元（兩賭注相加）。兩張10點分牌的期望值則是4,480美元。

這些數字適用於一般情況，也就是一副牌剩餘的高牌與低牌比率正常。但是，當這副牌的高牌較多時，兩種情況——分牌相較於停牌的贏率均會大幅上升，而且高牌的比例愈高，兩種情況下的贏率愈高。

在極端的情況下，當你知道這副牌裡只剩高牌，如果在20點停牌，贏率趨近於100％，期望值是8,000美元。但如果將兩張10點分牌，贏率一樣將近100％，而且期望值會接近1萬6,000美元，幾乎是停牌期望值的兩倍。

當然，這純粹是理論上的完美情況，但卻說明了將兩張10點分牌的價值。在較有利的情況下，提高牌桌上的賭金就可以贏更多錢。

將兩張10分牌稱為「數字玩法」，只有當你摸熟了算牌的所有其他層面，你才會採用這種做法。「數字玩法」衍生自以算牌為基礎的基本策略。我是在拉斯維加斯的那晚，才明白「數字玩法」的真諦。

根據數學，這甚至不是一個結果難料的決定——將兩張10分牌是唯一正確的舉動。當我仍在猶豫是否這麼做

時，想起有位21點導師曾告訴我的一番話，讓我豁然開朗。當莊家給我21點贏得的賭金，準備跳過我的20點時，我口頭阻止她：「等等，小姐，這兩張我打算分牌。」

當時牌桌上的每個人都不可置信地看著我。眼前這二十三歲小夥子一手就贏了1萬2,000美元，還打算將完美的20點分牌，肖想贏得更多錢。如果當時那個小熊隊球迷也在場目睹就好了。

即使你的賭注只有5美元，在賭場裡將兩張10點分牌，仍是個引人注目的舉動。你可以想見，當牌桌上的賭金高達8,000美元的景象。我知道我如果輸了，我左邊的人會質疑我的做法，而且如果我造成他們輸牌，一定會惹惱他們。這桌的最小賭注是100美元，每個人下注的金額都不小。

「我決定了！」我說著，並將另外8,000美元的籌碼放在原本的賭注旁。

「賴瑞，兩張10分牌！」莊家向我的朋友喊道。

這次他總算放下手上的記事板，走向我們這一桌。他用非常失望的眼神望著我說：「你確定要這麼做嗎，詹姆士？」（沒錯，我化名為詹姆士・李）。

我回道：「是的，我覺得這把手氣很好。」

接下來我的第一手10點，莊家發了一張A，我便停

牌，而另一手發給我的則是9。就這樣我兩手的牌分別是21點和19點。我為自己的決定感到開心，但莊家必須爆掉，否則同桌的玩家鐵定會把我砍了。

此時，莊家亮出她的底牌10，牌面點數共16點。接著，莊家做了明智的選擇，另外再拿了一張皇后牌，點數總共26點，讓牌桌上的每個人都是贏家。

這一局結束時，全桌的人都鬆了一口氣，我也拿回自己的籌碼，莊家也打算開始洗牌。短短五分鐘，我就贏了2萬8,000美元。但令我警覺的是：面對兩張10是否分牌這個困難決定時，內心承受的煎熬。從數學的觀點來看，那其實不是個困難的決定，而只是個情緒上較難做的決定──我怎能放棄幾乎算是已經贏牌的20點呢？

答案就在於我回想21點導師曾說的話。「你不能害怕輸，」他有次這麼告訴我。「牌局有時會很艱困，但我們站在贏的一方，你必須以會贏的心態去玩，不能擔心輸牌，因為賭博本來就有輸有贏。」

因此，當下我決定做對的事、不害怕輸、不在乎旁人的意見：包括莊家、監場經理賴瑞和同桌的玩家。就數學而言，我知道什麼是對的，並且有紀律地讓數據主導我的決定。在這個例子裡，這樣的做法發揮了作用，而在大部分的商業情境中，同樣的準則也適用。「害怕失敗」會讓

你失去大膽嘗試才能贏得的勝利。

常規做法不一定是正確的做法，但是在那個牌局裡，有許多因素造成我猶豫是否該採用正確的玩法：將兩張10分牌。首先面對的是來自周遭的社會壓力——同桌玩家、莊家、監場經理賴瑞。我的做法在他們眼裡極為反常，也不可能是對的。異於平常的做法往往看似不對。

逆勢而行總是不容易，順勢而行並且做大家認同的決定容易多了。這樣一來，如果最後結果是不好的，可以讓自己免於責難；如果結果是好的，還會獲得許多人的大力讚賞，因為換成他們也是會這麼做。他們認同你的決定，通常也會認為你做了對的決定。

常規做法不一定是正確的做法。特別是在商業世界，有勇氣挑戰常規，是獲得「莊家優勢」的關鍵步驟。

以貝利奇克（Bill Belichick）所面臨的困境為例。貝利奇克是現任新英格蘭愛國者隊的教練，也是過去十年間，最成功的美式足球教練，他曾經獲得三屆超級盃冠軍。除了顯著的成功和公認的天分以外，貝利奇克還以魯莽、差勁的運動家精神和極端的行為著稱。

但近年來，貝利奇克愈來愈以其「勇於打破常規」的作風受到注目。回想他早年在克里夫蘭擔任教練時期，就喜歡做異於常人的決定。貝利奇克首次擔任克里夫蘭布朗

隊主教練時，捨棄了眾人較看好的柯薩（Bernie Kosar），並且選擇與四分衛特斯塔維德（Vinny Testaverde）簽約。當時貝利奇克的友人都認為他這個做法等於是「砍了布朗隊吉祥物的頭」。

2002年賽季前，貝利奇克更大膽捨棄資深先發球員布雷索（Drew Bledsoe），由當時只有不到一季機會可以證明自己實力的布萊迪（Tom Brady）替補。

接著在2003年第一週，貝利奇克做出很可能是他最不受歡迎的決定。他原本應該和頗受歡迎但年紀漸長的中衛球員米洛（Lawyer Milloy）敘薪，但他選擇不再續約。米洛在新英格蘭還是新人時，便是貝利奇克的愛將，但他的決定，完全是基於商業考量——攸關金額數字。米洛的薪級即將到達NFL國家美式足球聯盟的薪水上限，也就是450萬美元。在貝利奇克的算式裡，米洛的表現遠不值這個價錢。

「這在當時犯了眾怒。」前愛國者隊後衛球員戴伍迪（Damien Woody）回憶道。從愛國者隊以0比30大輸米洛新加入的水牛城比爾隊，可以看出球隊缺乏向心力。貝利奇克的做法在現今已逐漸普及，但當時媒體權威人士對於貝利奇克的遭遇幸災樂禍。

ESPN分析師傑克森（Tom Jackson）說，貝利奇克已

經失去球員們的信任：「說得更明白點，球員們個個都痛恨他們的教練。」

然而，這些缺乏向心力、又痛恨教練的愛國者隊球員在接下來十八場比賽中贏得十七場，鞏固了貝利奇克贏得第二次超級盃冠軍之路。顯然，事實證明困難的決定是對的。

貝利奇克一連串的成功記錄，總算贏得球迷和媒體的信任。「我們相信比爾」指的便是球迷對於貝利奇克決策的高度信任，即便他的決策在當時看似不合理。最重要的是，貝利奇克不再備受責難。

但這種情況只維持到他做了連最支持他的人都反對的一個顛覆傳統的決定。在2009年美式足球賽季的第十週，貝利奇克的愛國者隊在自己的28碼線上面臨第四攻且比賽只剩兩分鐘的困境。在僅剩略多於兩分鐘的狀況下，愛國者隊不但只領先6分，對手印第安納波利斯小馬隊只要達陣，即可在當晚取得首次領先。

貝利奇克當時唯一的選擇應該是「棄踢」，然後將小馬隊和達陣區間的距離盡量拉長，藉由防守和拖時間讓愛國者隊贏得這場比賽。所有其他教練都會選擇這麼做。

但貝利奇克的對手不是老球隊，也不是由老邁的四分衛領軍。他們在該場比賽中已得到28分，而且領軍的是

足球史上表現最佳的四分衛——曼寧（Peyton Manning）。曼寧在該節已帶領球隊達陣兩次，第一次達陣用了2分4秒，第二次則僅用了1分49秒。因此，在剩餘的兩分鐘中，第三次達陣似乎不是問題。

於是，貝利奇克做了一個令人意想不到的決定。他決定進攻。坐在位子上同是愛國者隊球迷的我，看到愛國者隊防守回到場上時，震驚不已。同樣讓我感到震驚的是，我看到愛國者隊四分衛布萊迪開球，並只往前推進1碼（距離首攻還差1碼），最終不得已在29碼線上，將球讓給了曼寧和小馬隊的防守。

接下來發生的事完全在意料中。小馬隊馳騁於球場上，在球賽剩14秒的時候達陣，贏了該場球，所有權威人士和粉絲紛紛湧向貝利奇克。

《波士頓環球報》的伯格（Ron Borges），將貝利奇克的決定與《三個臭皮匠》（*The Three Stooges*）短片中主人翁的行為相比擬。最近退休的球員哈里森（Rodney Harrison）是該場比賽中的防守游衛，他在國家廣播公司的賽後節目中受訪時說：「這是我看過貝利奇克做過最糟糕的決定。」此外，ESPN分析師迪爾弗（Trent Dilfer）則表示：「我沒有任何字眼足以形容這決定的瘋狂程度。」他的結論是：「找不到任何說法可以合理化這個決定。」

貝利奇克顛覆常規的決定違反了傳統邏輯，這我們都認同，但那個決定有可能是對的嗎？

　　做決定其實就是在不同選項中做出選擇。乍看之下，他只有兩個選擇：棄踢，或進攻。但更進一步分析，他其實還有很多選擇，例如：跑陣、傳球或假棄踢，或嘗試將對手引到非越位位置，每種不同的跑陣或傳球方式都代表一個選擇。很顯然，這不是個簡單的決定。

　　但是，回到「提出簡單問題以協助架構問題」的框架，針對資料有三個問題，是貝利奇克應該提出的，這樣有助於他做決定：

A. 第四攻且比賽只剩最後兩分鐘，情勢逆轉的機率有多高？

B. 順利阻止小馬隊在我們的28碼線上達陣的機率有多高？

C. 順利阻止小馬隊在自己的34碼線上（從愛國者隊在球場上的位置假踢的平均結果）達陣的機率又是多高？

　　既然A、B和C基本上都有利於愛國者隊，分析相當簡單。如果選擇進攻，贏球的機率，就是第四攻情勢逆轉

（A可能性）加上第四攻不選擇踢球的機率（1－A）的總和，乘以順利阻止小馬隊在愛國者隊的28碼線上達陣的機率（B可能性）。總的來說，A＋B×（1－A）是進攻贏球的機率；C是假踢贏球的機率。因此，如果前者高於後者，理當選擇前者。

統計天才經過一番計算後，也會得到相同的結果：貝利奇克是對的。同是美式足球教練且自詡為數學狂熱分子，並且創辦NFL統計數據網站的柏克（Brian Burke）寫道：「以統計學來說，進攻是比較好的決定，而且好很多。」在印第安納州立大學知名的凱利商學院擔任「約翰與艾斯特瑞斯講座」決策科學教授的溫斯頓（Wayne Winston）評論說，「這個決定最糟……跟擲銅板一樣，成敗各半。」另外，知名經濟學家及《蘋果橘子經濟學》（Freakonomics）的作者李維特（Steven Levitt）則說：「數據顯示，如果他的目標是贏得比賽，他應該是做了對的決定。」

這樣算結案了嗎？

還差得遠！權威人士向統計專家們反嗆。ESPN作家比爾・西蒙斯（Bill Simmons）抨擊貝利奇克的決定，稱之為「魯莽大意」，並且批評這種使用歷史資料描述如此獨特狀況的做法。我的一位前21點小組成員勞（Matt Lau）說：「這一切由統計數字證明的『證據』都是無稽之

談。人們不分資料來源，將自己想要的任何相關數字湊在一起……這其中有太多變數（和太多變異性），數字很難有任何實質意義。」

這讓我突然想通了。在這案例中，資料只是一項工具，無法證明貝利奇克的決定是對是錯，它只是提供我們一個平台來說明他可能是對的，而且不像權威人士所說的那樣，已經喪失理智。

所以，資料和統計數字是「支持貝利奇克陣營」所使用的工具，但「反對貝利奇克陣營」同樣也信任歷史資料。這些歷史資料是以往美式足球教練所做的不良決策大全。

自從加州大學柏克萊分校經濟系教授羅默（David Romer）發表〈企業追求最大化？來自職業美式足球的證據〉一文後，美式足球教練做出失誤的決策，以致於第四攻仍選擇進攻的次數不足，已經是眾所皆知的事實。事實上，羅默的結論是：這些不良決策對於球隊的勝率影響甚大。

羅默以1998到2000年間每一場比賽資料和動態程式，針對第四攻是否進攻或踢球的基本教練決策進行分析。他得到的結論是：球隊選擇進攻的次數太少。

羅默將其中一個特別顯著的狀況獨立出來，也就是：球隊在第四攻到達對手2碼線且準備射門。假設球隊從2

碼線處踢進的成功機率幾乎達100％，踢球的決定可以得到3分。根據他的資料，在這個情況下進攻的球隊，每七次有三次的成功機會（他以第三攻的成功記錄，代替第四攻成功的數據，因為第四攻嘗試進攻的樣本過少）。那麼，假設順利得到另一分的機率是100％，則進攻的決定也可以得到3分。

接下來，便是進攻可帶來額外價值。如果球隊決定進攻，即使沒達陣也會讓對手處於極差的位置，很有可能在自己的2碼線內。完成射門後開球的平均場地位置，則接近30碼線，這兩者當中有28碼的差異。無論教練是否相信統計數字，都同意這是相當大的差異。

顯而易見，在此狀況下進攻，才有機會獲得最多分數，甚至於贏得比賽。但羅默所分析的三年資料當中，沒有任何球隊在面臨這個狀況時選擇進攻。鑑於歷史資料中的教練在第四攻往往不夠積極，使用這些集結錯誤決策的資料當作佐證，似乎是極為荒謬的一件事。

比爾·西蒙斯就犯了這個錯。他根據個人「從小學時代起每週日觀看十二小時美式足球賽」的經驗，發表了以下言論：「當足球教練做了我不記得其他球隊曾經做過的嘗試……那不是『有膽量』……也不是『創新』……而是魯莽的行徑。」

這種採用「團體盲思」（groupthink）原則的論述是有問題的。你不能夠只因為每個人都認可某種想法和做法，就說那是對的，而且，能將自己從這些決策類型抽離的人，往往才是贏家。

♠「損失趨避」的陷阱：比起獲利，人們更在意損失

以財經評論家和股票經紀人希夫（Peter Schiff）為例：勇於挑戰常規的希夫，早在2006年即正式發表美國經濟、特別是房地產業面臨危機的言論。當時眾多權威人士對他嗤之以鼻，就如同對待貝利奇克一般。相較於其他正準備為聖誕老公公舉辦商展的人士，其他評論家將他的逆向看法稱為「終極絕望者」。

「美國經濟的現況就像鐵達尼號一樣，我帶著救生艇嘗試說服人們離船……我預見美國即將面臨的金融危機……」希夫在2006年8月如此說道。

該年稍後，希夫在福斯新聞頻道舉辦的一場辯論會中預測：美國的房地產價格將會崩盤。當時的道瓊指數穩居12,000點，而且房地產價格創下歷史新高，兩者均看不出任何疲軟的訊號。他陳述的兩個論點就像一對10分牌，

或如同在美式足球賽最後兩分鐘的第四攻時選擇於自己的28碼線進攻。

但結果證明：希夫是對的，而且他的兩個預測都精準無比。希夫能看到別人所看不到的，更重要的是，在社會壓力之下，他仍堅持按照自己的信念行動，因而提供一個極為重要的教訓。

那麼，要如何才能夠具備這種能力呢？

為了了解如何駕馭這種能力，我們先來看看：為何從一開始做每個決定會如此困難？換句話說，我們不該將焦點放在團體盲思對「做對的事」產生的干擾，而應該專注探討為何從一開始做這些決定會如此困難。我們要將焦點集中在問題的根源。

基於許多心理因素，將一對10分牌是個很難下的決定。首先就是所謂的「損失趨避」。損失趨避是一種認知性偏誤，意指：縱然獲利的機率相當，人們仍比較容易受到潛在損失所影響。

換言之，人們不喜歡損失。

發完牌後，當你看著手中的20點和莊家手上的6點時，基本上就好像那筆錢已經放到自己口袋，你把它看做是自己的錢。將20點分牌，會讓「你的錢」面臨風險。分牌會獲利更多對你一點都不重要。新的參考架構使你易

受損失趨避的影響，首先探討這個原則的是特維斯基和康納曼（Daniel Kahneman）。

了解如何避免損失趨避，是一個重要的商業課題，因為損失趨避製造了許多巨大的陷阱，這不僅會發生在21點牌桌上。身為投資者，假設你在意損失更勝於獲利，損失趨避就可能造成為了趨避損失而執著於不當的投資。類似的想法也可能造成你一有少許獲利，就很快地賣掉投資標的，因為你認為潛在的獲利增加，不像獲利的潛在損失那麼有價值。

某種程度上，這是因為你的參考架構有問題。在21點牌桌上，我們一致的目標是將獲利最大化。無論是哪一次行程、哪一天、哪一手牌的輸贏，我們最終的目標就是盡力賺最多的錢。我們不能因為當天的輸贏而改變自己的參考架構或行為。如果我們趨避損失，即使狀況顯示應該繼續玩，我們仍有可能半途而廢。

美式足球第四攻的兩難困境，也可以用損失趨避來說明。選擇踢出穩射進的一球，而不選擇風險較高的達陣，與將一對10分牌的兩難困境極為類似。不用想像也可以知道：在大部分教練的心裡，射門成功可得的3分好比已經落袋，冒險進攻達陣就等同冒著失去那3分的風險——潛在損失的風險。

♠ 建立「座標為零」的參考架構

避免損失趨避的一個方法，就是從真正座標為零的參考架構看待所有事情。不要把21點牌桌上的兩難視為放棄70％可能贏得8,000美元的機率，而是應該評估兩個選項與座標零的相對關係。這麼做，很容易就可以為了較高的期望值而決定賭一把。

同樣的，美式足球教練如果不要再把射門得分的機會當做已經得到的分數，就可以專注於球隊整體的目標——得分愈高愈好。只要記住這個原則：60％得到7分的機率，永遠優於90％獲得3分的機率。

在商場上或投資時，擁有座標為零的參考架構，將有助於你避免受到損失趨避的影響。想像你做了稍具風險、但卻合理且有助於企業成長和拓展市占率的商業決策。你面對的即是兼具風險和合理性的決策。受損失趨避影響的企業人士可能會為了保護公司已得的獲利，而放棄其他具風險的決策。但真正座標為零的分析會告訴你：不管原先獲利多少，都必須要有這些新的決策企業才能成長。

在猶豫是否要拆那一對10的過程中，還有另一個有趣的偏誤存在，那便是「忽略性偏誤」（omission bias），意指人們往往會選擇「不採取行動」，以便支持失敗或不

良的後果。其實你不必檢視像「兩張10分牌」這樣兩極化的決定，就可以在大部分21點玩家身上看到這樣的偏誤。

　　一項由加州大學洛杉磯分校的卡林（Bruce Carlin）教授和杜克大學的羅賓遜（David Robinson）教授聯手執行，名為〈拉斯維加斯的恐懼和厭惡：來自21點牌桌的證據〉的研究中，針對21點玩家的決策進行分析，結果發現：偏離基本策略會造成兩種類型的錯誤，也就是不採取行動，以及非必要或不盡理想的行動。他們發現：不行動的錯誤發生次數是不正確行動的四倍。一般而言，大部分人都過於保守，決定不補牌以避免超過21點，並且等待和希望莊家爆掉。

　　在此研究中，不行動的代價極為可觀，因為在牌局類似的情況下，樂觀玩家贏牌的次數是膽小玩家的二十倍。我們的21點團隊把這稱為「以不輸牌為宗旨的玩法」。

　　同樣的道理再次印證在美式足球教練身上。進攻的想法極為激進，假棄踢或射門的想法相對就消極許多。忽略性偏誤的立場是：較不激進的選擇可以讓你在失敗的情況下較不後悔。

　　在商場上，意識到忽略性偏誤的存在，應該可以幫助你平等看待採取行動與不行動。這裡的訊息不是告訴你：

要持續巨細靡遺地管理特定情況，亦即不斷補牌直到拿到21點或爆掉。反之，關鍵是同等對待採取行動與不行動的選擇，亦即補牌和停牌。維持現狀可讓人在失敗的情況下較不後悔，這個因素使得不採取行動成為優先選項。

事實上，從貝利奇克身上和21點研究人員的教導，我們學到最重要的教訓是：決定不做決定，實際上就等於做了決定。重點是要認清，維持現狀就是這樣的一個決定，所以應該與「做出任何類型的改變」擁有相同的權重。

這類思維當然適用於商業界，最近全球經濟危機使得工作機會不再是一種與生俱來的權利，而是一種禮物。因此，確保工作穩定的心態往往阻礙了創新。在2000年，我的友人凱莉接受芝加哥最大醫療集團之一的聘用，負責護理師的招募事宜。她的專長是線上招募，包括建置網站和張貼職缺廣告。

招募和維持護理師的人數一直是醫院的當務之急。這是個競爭激烈的產業，醫院必須持續招募，因為一旦停止招募就會造成人力短缺。

凱莉的上司是位資深的人力資源主管，凱莉做的第一件事就是分析他們的廣告。錢都花在哪裡？還有，廣告是否奏效？當時，他們將預算的90％——極為可觀的一筆錢——花在印製於《芝加哥論壇報》上的廣告。這是他們

行之多年的做法，因為在過去，報紙是招募的唯一途徑。

那時正是Monster.com、Careerbuilder.com等求職網站剛崛起的時期，醫院只花10%的預算在這些網站上。凱莉的分析結果顯示：他們所聘用的護理師中，有超過90%是這10%花費的成果，而不是報紙上的廣告。她將這個結果呈給上司，並且嘗試說服主管：何不採用更有效的方式呢？

這裡大部分情況得到的回應多半是，「改變也算是一種風險」。雖然企業家必須富有冒險精神，但對於在這種企業環境裡的許多人而言，改變有可能造成自己飯碗不保。商場上就如同21點牌桌，所有決定都應該獲得平等的考量，不應受任何偏誤的影響。做對的決定，唯一的方法就是專注於資料。如果呈給凱莉上司的兩種新招募策略中，其中一種的成本效益幾乎是另一種的十倍，做決定就會容易多了。

這與該續抱股票或脫手的典型問題極為類似。同樣的，其中有兩個非常清楚的選擇，你必須從中擇一。如果賣掉後股票續漲，你會比選擇續抱但股票下跌更後悔。無論狀況為何，對你來說都是損失，因此你應該對兩種選擇一視同仁。事實上，是否買賣股票的決定，端視你認為股價被高估或低估。嘗試讓自己從股東的身分抽離。假設你

未持有該檔股票，你會願意以現價買進嗎？答案最好是肯定的，否則你就真的要認真考慮將股票脫手了。

然而，即使21點玩家或美式足球教練個人可以克服這兩種偏誤，將一對10分牌，或是在第四攻時還決定進攻，仍是極為困難的決定。原因很簡單，因為沒有人會這麼做。以上兩種偏誤造成團體盲思心態，大家往往會以「減少衝突」的名義，壓抑衝突和創新。

團體盲思的典型例子是，公司做出團體決定，不是為了充分提高所創造的價值，而是為了減少內部衝突和維持共識。發生這樣的情況，往往是因為重視團體和諧的程度，更甚於做出最有成效的決策。將焦點集中在團體的向心力上，會造成健康的衝突消失，而健康的衝突是任何團體或組織蓬勃發展的關鍵。

一般而言，避免團體盲思很簡單。如果團體中的個人能真正致力於數據導向的決策，就能避免團體盲思。我們回頭談談貝利奇克教練。他不在乎自己的決定是否背離傳統思維並且造成衝突，事實上，人人都說：衝突是促成貝利奇克成功的關鍵。

同樣的，我們在21點牌桌上，也是以個人的角色來做決定。我們認為，牌桌上的其他玩家並不是團體的一部分，他們不需接受或認同我們的決定。我們只會根據擁有

的資料做出最佳的決定。如果在商場上人們也這麼做，團體盲思就不會存在。

然而，團體盲思充斥、甚至影響整個產業的情形極為常見。我們親眼目睹了團體盲思對美式足球教練造成的影響。在第四攻選擇不進攻，只是教練們選擇不做困難決定的眾多情況之一而已。這些困難的決定，原本有可能幫他們贏更多場比賽。「短踢偷襲」就是教練們應多嘗試，但他們卻通常不會選擇這麼做的另一個例子。

每次球隊開球，都有機會嘗試短踢，順利執行的話，可以拿回控球權。不幸的是，一旦失敗，對手將擁有絕佳的位置優勢。採用這項策略的風險極高──短踢拿回控球權的平均成功率是25％。大多數的短踢出現在球賽快結束的時候，接球組預期對方會嘗試短踢，因此也多會事先做好準備，在前線部署更多球員。在此情況下，踢球組實際上也真的會部署一些球技最佳的球員，例如外接員和跑衛，希望能進一步提高短踢拿回控球權的成功率。

這樣做是有效的。但是，預期外短踢和預期內短踢拿回控球權的成功比例差異甚大。

柏克利用「勝出機率」（win probability）這個進階統計法區分短踢在對手預期內和預期外的數據。「勝出機率」用來衡量球隊在比賽中任何時間點的贏率，版本有很多

種，但共同的公式會將分數、比賽剩餘時間、剩餘暫停次數、碼數、控球權、剩餘進攻次數和距離等列入考量。

柏克的理論是：當踢球組的贏率極低時，亦即比賽即將結束時，接球組自然會預期對方嘗試短踢。因此，他在計算偷襲短踢拿回控球權的成功率時，將贏率低於15％的球隊短踢記錄排除在外。這麼做，拿回控球權的成功率便可提高到60％。

值得冒這個險嗎？

為了回答這個問題，柏克用了另一個進階的統計法，稱為「預期積分」（EP）。「預期積分」運用了許多與「勝出機率」相同的數據，但其產出是在不同情況下，短踢可以獲得的預期積分。以此量表為後盾，柏克能夠算出當球隊短踢成功率為42％時，是否值得冒這個險。

另一方面，你可以實際算出一個賽季裡預期外短踢的次數。很顯然，這邊需要注意的是：一旦你的隊伍成為眾所皆知的短踢偷襲愛好者，當你嘗試短踢時，就不能算是偷襲。而在現實世界裡，球隊極少嘗試短踢偷襲，為什麼呢？因為潛在的缺點實在太多。即使有60％的成功率，仍然有40％拿不回控球權的機率，這表示每嘗試十次，就有四次會失敗。而「失敗」這個關鍵字正是教練害怕的事。在這樣的情況下，輸球會讓教練備受球員、粉絲和球

隊老闆等人的責難。

　　凱因斯是極具影響力的英國經濟學家，也是本章述及許多理論的核心人物。當代傑作《風險之書》（*Against the Gods*）的作者伯恩斯坦（Peter L. Bernstein）在書中對於凱因斯的研究有詳盡的著墨。

　　凱因斯將一位擁有像貝利奇克那種勇氣的投資家描述為「一般人眼中的偏執、反常和輕率……」然後指出，這位投資家即使成功，「也只會使一般人更加確信他的輕率；而且……如果決策失誤……他將得不到諒解。」這與蔑視貝利奇克和希夫的人情況極為類似。

　　凱因斯對此做出結論：「處事智慧教導我們，為了名譽，寧可循規蹈矩而失敗，也不要因顛覆傳統而成功。」

　　選擇短踢的教練即使成功了，也不會被視為天才，他一樣會被認為是行事魯莽，「成功純粹是運氣好」。但如果短踢失敗了，眾人就只會把他與魯莽畫上等號。從名譽的角度來看，冒這個險一點都不值得。同樣的，將兩張10分牌又贏牌的21點玩家，無論輸贏一樣都會被當做傻瓜。幸好，受歡迎程度在賭場裡一點都不重要。

　　最後，在眾人加碼時出脫手中資產的投資人，一樣會成為眾人鄙視和嘲笑的對象。

　　我們再回頭討論貝利奇克。他做出困難、逆向決策的

能力，是超然還是荒謬？兩者之間僅一髮之差。他的一個決定就能在媒體上引發足球權威間數週的衝突。但他是如何能夠一再做出困難的決定呢？

答案其實很簡單。整個聯盟中，沒有任何教練比貝利奇克擁有更多工作保障——過去十年奪得三屆超級盃冠軍，就可以為你提供那種保障。由於貝利奇克不用擔心丟飯碗或是名譽受損，他可以專注在唯一重要的事，也就是結果上面。他對於贏球的執著，讓他能夠專注於將自己的決策最佳化，以達到目的。

我們必須要運氣很好，才能夠擁有這樣的特殊境遇。假設我們的確有，也願意賦予員工同樣的境遇，大家就能做出更好的決定。這是一個極能夠賦予力量的概念，而且重要的是，要記得確保創新——假設凱莉的上司不用擔心丟掉飯碗，就比較容易放手讓凱莉重新配置花在《論壇報》上的預算。不幸的是，害怕「破壞現狀」的心理往往壓抑了組織內的創新。

♠ 避免「後見之明偏誤」：成功前先計算失敗的成本

當然，在貝利奇克這個獨立的事件裡，結果不是正面

的，而那些貶低他的人永遠也不會輕易放過這個話柄。但他們全都陷入另一個偏誤，亦即所謂「後見之明偏誤」（hindsight bias），也是這項討論的最後一個重點。

每個人都聽過「事後諸葛」這個說法，意思是等到事情發生之後，每個人都可以料事如神。以貝利奇克的決定來說，過度簡化而且純屬後見之明的分析是：因為這個決定最後沒讓球隊贏，所以它是錯誤的決定。

很顯然大家對這種情況的看法相當一致，但真正的問題在於：貝利奇克這個錯誤決定留下的後遺症。當其他教練面對類似的決定時，便會清楚記起：貝利奇克所做的這個高風險但合理決定的結果。事實上，他們記起的不僅僅是結果，還包含這個決定承受的所有負面評價。

此外，在面臨類似情況時，對於事件後果的鮮明記憶會立即浮現在腦海裡。這個例子就是一種稱為「可及性經驗法則」的心理現象。

可及性經驗法則的名稱相當複雜，但其實很容易了解。試想：你每天都必須決定上班路線，其中一條路線需要上高速公路，距離稍遠；另一條路線較短，但只能走平面道路，由於交通因素，花的時間反而長。每天你幾乎都選擇走高速公路，因為這樣平均可以省下十分鐘。

假設你今天就像平常一樣開車上班，而且必須決定上

班路線——你因為趕時間必須選擇較快的路線，但昨天高速公路上發生重大車禍，讓你多花了四十五分鐘才到公司。你決定走平面道路，因為開著 Prius 塞在車陣裡的記憶猶新。由於塞車的景象仍歷歷在目，你認定的意外發生機率將遠高於實際機率。而這種情況也可能發生在美式足球教練身上。貝利奇克大膽的決定造成的不幸結果是：教練們往後選擇在第四攻進攻的可能性會降低。

但是你千萬不要落入同樣的陷阱。下次面對困難的決定時，請先試著想像所有可能的情境再做決定。以開車為例，你心中應該想像其他九十九天高速公路上暢通無阻的情境。面對困難的商業抉擇時，請閉上雙眼，一視同仁思考所有可能的情況，並且盡量做到鉅細靡遺。這麼做的話，即使是背離常規的選擇，你也能等同視之。

奧特曼維蘭德里顧問公司將這個方法更進一步發揮，他們為客戶模擬最差與最佳情境。「我們通常會針對面臨各種風險（例如市場風險、競爭力風險、勞工衝突，甚至廠商缺口等）的潛在投資模擬商業模型，來幫助我們的投資客戶。最優質的客戶懂得冒風險——但這些風險都經過完善的計算，」維蘭德里解釋說。

我玩 21 點時，都會盡量想著贏牌的喜悅，而不是想著被打敗的煎熬。失敗總是會在我們身上留下無法磨滅的

印記，因此在進行分析時，也需要對勝利提供公平的機會。專注於想像成功，並且通盤了解失敗的成本，有助於您在不憂不懼的情況下制定商業決策。人們在回顧時，永遠會將貝利奇克的決定認定為錯誤的決定，但這一點只是印證了做出好決定有多困難。如同本章一開始探討的內容，光是對抗人性的缺陷就很困難。人性的缺陷往往會讓我們誤以為，「負面的後果代表決策失誤」。

此外，美式足球不像21點，一個決定可經過數百次，甚至數千次的測試，因為球賽裡發生的每個情境都獨一無二，沒有可以真正測試一個決定的方法。如果要評估貝利奇克的決定，我們必須想像同樣的情況已發生數百次，甚至數千次。單憑一次測試是不夠的。

最後，機率的觀點不容易了解。假設氣象播報員預測明天有70％下雨的機率，並且也預測明天有30％不下雨的機率。即使明天沒下雨，也不代表他是錯的。但假設他預測一百次70％下雨的機率，實際上只下了二十次，這就表示我們需要找新的氣象播報員了。

制定較好的商業決策很困難，但如你能客觀地審視問題、了解所有的替代方案，然後從中選出成功機率最高的方案，如此一來，成功的機率即會大增。而這其實就是我們希望獲得的結果。

第九章

只要我贏，
整個團隊就贏！

「貪婪是美好的。」
　　　　——電影《華爾街》男主角　蓋柯（Gordon Gekko）

　　一致的目標和共同的贏牌決心，是我們21點團隊的致勝關鍵。每個週末，我們都帶著大筆現金和籌碼，努力讓它們愈變愈多。一切就是如此簡單，正是這樣的單純性，為整個團隊創造了透明度與契合度。我們總是想法一致，並且朝相同的目標前進。

　　我們將整個團隊當作投資基金般操作。首先，我們募集資金作為投資基金。整個過程很順遂，因為團隊成員在過去已經從玩21點中贏得不少錢。他們知道這是個絕佳的投資，因此都希望能夠參與，我們的資金一直不虞匱乏。儘管如此，我們仍必須經過正式的流程，讓每位成員宣告希望投入新基金的金額，當時我們稱之為「撲滿」（the bank）。

「撲滿」建立後，我們依照「撲滿」規模來設定贏牌目標。贏牌目標會根據耗費的時間來調整，其中的邏輯是：當達成目標所需時間超過預期時，目標就會向上調，因為占用投資者資金的時間超過原本的預期。當所需時間短於預期時，多出的部分就會當作紅利，支付給投資者和玩家。

　　這個紅利結構在玩家和投資者之間建立了一致的目標。玩家和投資者雙方都想要時間較短的撲滿，因為對於雙方而言，這代表紅利的金額較高。對於投資者而言，他們可獲得較高的報酬率；對於玩家而言，他們可以獲得較高的薪酬。在商場上很常見到這種操作方式，例如，銷售佣金目標或是避險基金管理費。

　　我們將達成致勝目標稱為「打破撲滿」（breaking the bank），這是玩家和投資者都引頸期盼的事情。試著將這一刻想像成首次公開上市（IPO）或併購一家新創公司的變現盛會。打破撲滿時，玩家可以支領薪資和報銷花費，而投資者可以拿回自己的收益。每次一到賭場，每位玩家都知道需要贏多少錢才能「打破撲滿」。

　　我記得某個週末，我們21點小組在拉斯維加斯，使用同一個撲滿已經超過六個月。我們的進度遠遠落後預期時間，每個人都非常急著要達成致勝目標。我們在那個週

末一開始的手氣還不錯，但截至週日早上為止，我們還必須贏大約 5 萬 7,000 美元。那個早晨，我坐在米拉奇（Mirage）賭場裡的牌桌前，心裡明白自己必須贏多少錢，以及有多少人正指望著我達成目標。

我奮戰了將近四個小時後，終於達到確信自己贏得逾 5 萬 7,000 美元。我們在牌桌上很難算清自己到底贏了多少，通常要等到回自己房間，將所有現金和籌碼都清點一遍，才能算出盈虧。儘管如此，我對於自己的整體表現感覺非常好，決定離開牌桌。我揉揉後頸，向隊友示意我已經完成任務，準備回自己房間。上樓後，我坐在套房裡的書桌前，開始計算籌碼和現金。一數完，我意識到自己不但達成打破撲滿的目標，而且總共贏了 6 萬 7,000 美元。我用呼叫器發了訊息給其他隊員，宣布「我打破撲滿了！」接著因為精疲力盡，倒頭便睡。

一個小時後，一陣沉重的叮叮噹噹聲在我耳際響起，把我吵醒，我嚇一跳，抬頭一看，眼前站了一個人，原來是我的隊友衛斯。我還是有點昏昏沉沉，但卻急著炫耀我早上的戰果：「衛斯，我打破撲滿了。」

「是喔！那太好了，傑夫。你贏了多少錢？」他問道。

「6 萬 7,000 美元，」我幾乎是得意洋洋地回答。

「這樣啊！那真是太好了。我也贏了不少。」他接著

說：「我贏了16萬7,000美元，全都在裡面。」他指了指我頭旁邊的一袋東西，我這才了解，發出叮叮噹噹聲響的，是一個裝滿現金與籌碼的枕頭套。

在這場良性競爭中，衛斯贏了我10萬美元，但最終，我們倆都贏了，因為贏來的錢全都會加在一起。除了為自己贏得最多錢感到驕傲以外，其中不涉及任何個人利益。這讓我們能持續做正確的決定，不僅僅為了自己，而是為了整個團隊的利益。我們每人手中都有一筆用來贏錢的資金——一筆我們希望變得更多的錢。這樣的競爭驅策著我們，也讓我們變得更團結。

之後不久的一個週末，我和衛斯並肩坐在米拉奇賭場的游泳池旁。那是我們有史以來戰果最豐碩的一個週末，總共贏了45萬美元。時值盛夏，拉斯維加斯如往常般悶熱。由於我們是留在賭城裡的最後兩名隊員，我們將整個週末贏來的錢全裝在一個行李袋裡。我們不希望把錢放在房間裡，因為聽說即使放在保險箱，錢也會不見，因此我們把所有的錢都放在身邊，包括一開始帶在身邊的賭本，全都裝在躺椅下的行李袋中。

我坐在池邊，漸漸受不了天氣的悶熱。我轉向衛斯問道：「你覺得我們可以把錢放在這邊，下水游個泳嗎？」

他看著我，解讀我臉上的微笑，然後問：「裡面有多

少錢？」

「裡面有我們帶來的54萬，還有贏來的45萬。總共約有99萬美元。」我回答。

「沒什麼不能放這兒的理由啊，」衛斯接著說：「反正看起來又不像裡面有100萬。」他笑著說出這些話，我也跟著笑出來。

建立這種團結精神，對我們的成功是最重要的，只有透過大伙兒對於致勝的一致承諾才可以做到。贏牌是個極度單純卻又強有力的目標。組織只要真正致力於獲勝，就很容易做到設定共同目標，以及在員工間落實一致的獎勵機制。

雖然這個概念聽起來很基本，但諸多例子顯示：**自身利益往往阻礙了想贏的決心，進而影響組織的成功。**這類事情的發生往往出人意表。

♠ 個人利益會阻礙你「想贏」的決心

上一章探討了美式足球教練面臨的處境，雖然我明白，心理因素和偏誤是教練們做出那些決定的主因，但我仍然認為，專業球隊的教練在知情的狀況下，做出那些並非對球隊贏球最有利的決定，是極為瘋狂的舉動。

在體育運動中，「獲勝」是個再清楚不過的目標，因此這麼比擬才會如此讓人震驚。假設一位執行長或部門經理在知情的狀況下，做了一個非最佳的決定，他們的上司鐵定不會接受。

不幸的是，在專業運動教練團隊中，相信統計分析的人寥寥無幾。大部分專業教練和現場經理拒絕採信數據和資料，反而傾向相信自己的直覺。他們避開數據導向決策的傾向並不令人意外。但他們的頂頭上司，通常是球隊總經理，則愈來愈了解統計分析的重要性，也愈來愈不受團體盲思的影響。

新生代總經理的代表人物是我的朋友莫雷。莫雷擁有傲人的學歷，除了西北大學的電腦科學學士學位，主攻統計學外，還擁有麻省理工學院的企管碩士學位。他剛進入NBA球壇時，在波士頓塞爾提克隊營運部門做了三年的高級副總裁。他在塞爾提克隊的任期內，將統計分析應用在球員人事和賽事管理的決策上。

莫雷的努力受到眾人矚目，於是在2006年，休士頓火箭隊延攬他擔任副總經理，同時也宣布，他未來將繼任道森（Carroll Dawson）的總經理位置。過了一年多的時間，休士頓火箭隊就在2007年5月正式任命莫雷為總經理。

莫雷帶領火箭隊前兩季的成績為108勝56負，擔任總經理的表現也多次受到表揚。諷刺的是，正是莫雷決定不雇用我，才讓我有機會踏入運動界。當時，我在金融業一家叫做CircleLending.com的科技新創公司擔任技術長，因為《贏遍賭城》一書成功而開始小有名氣。但一直到我讀了《魔球》這本書，才知道怎麼運用自己的名氣。

　　在《魔球》中，路易士記錄了比恩和奧克蘭運動家隊如何運用統計分析來打棒球賽。我讀完書後，意識到他們的做法與我們在21點裡的某些做法極為類似。當下，我決定進入運動界。

　　我開始跟周遭任何與運動沾得上邊的朋友聯繫，其中一位在塞爾提克隊工作的朋友認識莫雷。當時是莫雷帶領塞爾提克隊的第一年，正需找人幫忙，那位朋友認為我是那份工作的絕佳人選。我去面試後，很快就確信我的未來是在運動界。面試地點是塞爾提克隊位在波士頓花園球場的辦公室，裡面盡是獎盃、相片和紀念品，簡直是球迷的夢想天堂。那天，我坐下來和莫雷談了幾個小時，他提醒我，「這份工作不僅僅是份實習的工作，而且可能不支薪。」我告訴他：「我不在乎，我只希望能夠在體育運動界找份工作。我也不在乎自己必須放棄技術長的職位，來塞爾提克隊做這份無薪的實習工作。」

一週後，莫雷打電話給我，說他不會雇用我。他解釋說：他最後篩選到只剩我和另一位候選人，而另一位候選人的技能較符合他的需求，而且似乎比較適合永久待在塞爾提克隊擔任這項職務。他認為，我在短時間內就會希望接受更大的挑戰，而且會把這項職務當作跳板，另一個候選人才會在塞爾提克隊待得長久。事後來看，他是對的，那位候選人薩蘭（Mike Zarren）一直到現在都還在塞爾提克隊服務，並且在組織內發展得很好，目前擔任球隊的副總經理。

　　雖然莫雷拒絕了我，但我可以理解，而且自那時起，我們一直保持聯繫。當我試著了解美式足球教練為何會持續忽略如此重要的數據佐證時，他似乎是我可以尋求答案的合理人選。

　　2009至2010賽季初，莫雷帶領火箭隊到舊金山與金州勇士隊比賽，某天我們坐下來一起吃午餐。聊聊彼此的近況，後來話題逐漸轉向「還有哪些NBA球隊開始運用統計分析」這件事情上。

　　「使用搶攻策略的球隊，是個很好的指標。還有，那些無論攻或守都了解底線三分球很重要的球隊，也是好指標。」莫雷解釋，他指的是兩個實際的籃球策略，我們已經對其中一個做了詳盡的討論。

這些策略與第八章提及的美式足球策略（第四攻選擇進攻，以及嘗試短踢偷襲）有些共同點，它們全都是由數據佐證的教練策略。但其中仍有一些相當大的差異。例如，搶攻策略和底線三分球全憑直覺。事實上，許多教練完全不清楚統計結果的情況，全憑直覺指示球員這麼做。相反的，美式足球策略則完全違反直覺，因此隨之而來的往往是許多不利情況。

為了探索我的論點，我將話題轉向美式足球和羅默的論文（在統計上主張第四次進攻時選擇多進攻）。莫雷立即明白我的用意，這表示他非常熟悉這份研究，因為我一提羅默的名字，他就知道我在說什麼。他解釋說：「問題是，人們都想保住飯碗，教練的方式因此受到影響。外界常不公平地對教練貼上『球隊裡最容易替換的成員』標籤，因此，教練們必定會先考慮到自己的事業，笨蛋才不在意這個。」

我乍聽到莫雷的話，覺得相當訝異，但經過仔細思索後，發現他的話其實是有道理的。問題的根源在於：教練的目標並不一定是求贏。他們多半把自我利益——保住飯碗——當做決策的依據，這是典型的自保行為。這也說明教練的群體心態。工作機會極為有限，為何要冒不必要的風險？最好還是安全和保守行事。就拿射門得分的情況來

說，在第四攻時做這樣的決策，本屬不當，但一般人會認為這是小小的勝利，要是選擇進攻之後失敗，一般人反而會認為是嚴重失誤。

這就是真正的問題所在。教練其實必須對球隊的所有利害關係人，包括球員、球迷和球隊老闆負責，努力贏得冠軍。莫雷很清楚這種責任。「我不是避險基金，每年必須戰勝標準普爾指數。我的任務是讓球隊成為贏得冠軍賽的三十支球隊之一。為達這個目的，一定要冒更多風險。」莫雷更進一步解釋。

這是組織與個人誘因不一致的典型案例。教練覺得必須做出安全的決定，以保住自己的工作，而大部分相關人士，尤其是股東，則希望他多冒些險，嘗試贏得冠軍。他的決定是依據下列決策準則或偏好：保住工作最重要，再來才是贏得冠軍。從這個角度來說，教練往往做了正確的個人決定，即使這樣的決定可能對球隊的比賽結果有害。他們把保住工作的機率盡可能提高，但代價就是不做出更合理但有風險的決定。

商場上也會遇到類似的情況。當員工、甚至執行長必須在「自保」和「建立長期股東價值」之間二擇一時，通常會做出自私的選擇。但誰能怪罪他們呢？

這確實是個問題，因為球隊的利害關係人和企業股東

對於球隊或公司的走向沒什麼影響力。當然,球隊老闆可以開除總經理和教練,或者董事會可以開除執行長,但球迷和股東們什麼都不能做。

基於這個理由,莫雷相信,球隊擁有積極的老闆是一件好事,因為在做出正確決定的時間範圍內,他們是唯一不可或缺的人物。培養冠軍球隊不是一朝一夕的事情,所耗費的時間可能會超過教練或總經理的平均任期。因此,為了球迷幫助組織做對的決定,是老闆的責任——他是唯一不用擔心丟飯碗,也是唯一了解球隊長期展望的人。同樣的,**公司董事會必須扮演這個角色,並且了解:在公司中建立真正的長期價值,遠較其他任何短期目標重要。**

♠ 別指望人性的善良面

「自保」是做決策背後一個強大的動機。比起協助球隊贏得冠軍,教練們更在乎工作保障,為了保住工作,可能會犧牲贏得冠軍的機會。

理想上,資方應該按照球隊進步的幅度對教練提供薪酬,戰績愈好,薪酬就愈高。同樣的,組織也應該以此方式,對類似教練職位的員工制訂獎勵計畫。不幸的是,無論在球場或商場上,這樣的一致性並不常見。在上一章

中，我們看到這種不一致性造成的結果：教練傾向於做出最終對球隊可能沒有幫助，但卻可以讓自己免於受到批評的決定。這就是自保的極致表現。

時間範圍不一致也是一個問題。由於教練的職涯效期通常很短，他們面臨在短期內贏球的龐大壓力。一上任即有所表現的教練，或許可以為自己爭取到一些工作保障，但這些短期成效卻可能阻礙了贏得冠軍的最終目標。這類決策的典型例子，就是在四分衛球員的選擇上，應該指派老將或新手上場。通常四分衛老將在短期內可以增加贏得比賽的機會，但增加年輕四分衛球員上場的經驗，對未來較有利。

時間範圍上的兩難局面，並不局限在足球場上。假設銷售人員每季或每年可以拿到獎金，他們會選擇將產品賣給長遠來說收益潛力較大的客戶？還是會選擇將時間花在短期內結案機率較高的客戶？前者可能對公司最有利，但後者對銷售人員及其家人顯然較有利。

吳（Tom Woo）是Google公司薪酬部門的後起之秀，他強調個人與公司目標一致對於薪酬計畫的重要性。「別指望人類的善良面。任何人都會受個人利益的激勵。這是人性。」他強調。

他特別針對公司裡的銷售人員，宣導薪酬計畫中的一

些簡單規則。

　　首先，薪酬計畫必須透明、易懂。在獎勵方案中加了太多創意，可能會使方案變得太複雜，造成員工無所適從，因而扼殺了獎勵和激勵的立意。

　　目標必須是可達成的，否則銷售人員就會失去希望，獎勵作用就會蕩然無存。吳指稱，這就是長期獎勵方案的問題所在。「如果員工一開始就落後進度，很可能乾脆放棄，」他表示。「你必須每一季都給他們重新起算。」

　　獎金發放的時間點必須離銷售事件愈近愈好，這更凸顯了時間範圍不一致的問題嚴重性。在「顧客終身價值」*差異大的產業裡，這呈現了兩難困境：要如何依照不確定的終身價值來獎勵銷售人員？總不能等到顧客的終身價值確定了才給予獎勵，那樣的話，獎勵的及時性就消失了。

　　Google建立了一個永續性量表來長期追蹤銷售人員的顧客。銷售人員的獎金中，有少部分是以這個永續性量表為依據，讓銷售人員對於長期目標更有概念。畢竟，想要確保銷售人員做出最符合股東利益的決定，唯一可靠的方法，就是確保他們與公司擁有一致的獎勵方案。

---

* 顧客終身價值（lifetime customer value），意指每位購買者在未來可能為企業帶來的收益總和。

♠「薪酬目標一致」有利於長遠目標

我們的21點團隊就是個絕佳的薪酬計畫個案研究。首先，我們所有的隊員都有工作保障，每個人都了解自己的角色，也明白只要團隊表現好，自己也會得到優渥的報酬。我們對於時間範圍的概念一致，唯一在意的時間範圍其實只有一個，那就是「撲滿」的投資期長短。此外，每個人只有在「打破撲滿」時才能獲得報酬，在這段期間，不會依照短期收益來發放報酬，也沒有所謂的「黃金降落傘」*條款，全部都是以建立撲滿的真實「價值」為依據，也就是讓籌碼和現金變得更多。最後，我們每個人都必須對股東負責，因為我們自己實質上也是股東——我們設立了一項規定：每位隊員都必須是投資者。

此外，因為我們全都賺夠了錢，不需要接受外來資金，我們制訂了一個相反的規定：每位投資者都必須是隊員。這樣絕不會發生目標不一致的問題，因為隊員基本上就是管理階層、投資者和股東。

2008年的次級房貸危機，就是獎勵方案不一致的絕佳例證。這場七十五年來最嚴重的金融危機，可歸咎的對

---

* 黃金降落傘（golden parachute），意指高階經理人離職補償津貼。

象很多，頭一個要說的，就是獎勵方案不一致。發放貸款和將貸款證券化可以賺取高額的手續費，加上缺乏任何剩餘賠償責任，這兩點扭曲了發放貸款者的獎勵方案，獎勵方案變得只重視貸款量而不重視貸款品質。

雖然次級房貸危機有許多層面要探討，而且我也不想過度簡化這個問題，但這項危機的一個重要部分，就是貸款本身即為問題根源。房貸經紀人就像教練一樣，只是為了餬口和保住自己的飯碗，他們的薪酬和績效是以抵押貸款的發放數量為依據，加上每筆貸款的交易手續費和佣金。他們面臨龐大壓力，發放愈多貸款就會得到愈多獎勵，至於這些貸款的品質或風險如何，沒有人獎勵他們去注意，而且老實說，這樣做一點好處都沒有。這些貸款是否違約或到期，經紀人一點都不在乎，因此產生了很多原本不應發放的貸款。

我相信，如果房貸產業從我們21點團隊這裡得到提示，就可以避開上述問題。我們團隊裡也有貸款經紀人的角色，叫做「觀察員」。這些成員負責在賭場裡四處搜索，以找出讓關鍵玩家大顯身手的好牌桌。和房貸經紀人一樣，觀察員也有業務壓力，得找出許多好牌桌，因為如果沒有好的牌桌，關鍵玩家就無處可玩，也沒辦法贏錢。

但是，與房貸產業不同的是：觀察員與關鍵玩家和

21點基金投資者擁有相同的獎勵方案。我們這些玩家贏錢，觀察員才有錢賺。如果觀察員將不盡理想的牌桌謊報為理想牌桌，他們會明白，這樣我們不會贏牌，而他們也拿不到錢。因此，他們只會找真的適合下注的牌桌。

那麼，要如何將這個比喻套用在房貸產業呢？假設房貸經紀人只拿得到自己發放且未違約貸款的交易手續費，他們放款的時候當然會更謹慎些。

房貸危機及全面性的金融危機，也讓人想起時間範圍不一致的問題。雖說公司股東關心的是在公司裡建立長期價值，但高階主管的薪酬卻是按照所建立的短期價值來計算，而且短期價值往往只是幻象。試想由高風險房貸組成的證券，長期持有的風險似乎比短期持有高出許多。高階主管做決策時，必須想得更長遠，才能夠與股東的時間範圍保持一致。

最終，股東們還是無法讓高階主管在危機發生時負起責任。這是個非常明顯的疏失，也因此成為美國財政部長蓋特納（Timothy Geithner）最先試圖解決的問題之一。他在2009年6月10日發表的聲明中寫道：

「首先，我們將支持國會在通過『股東決定薪酬』（*say on pay*）法案上所做的努力，讓證管會有權要求公司賦予

股東對於高階主管薪酬組合的無約束力投票權。『股東決定薪酬』已經是我們一些主要交易夥伴的標準，並且得到總統歐巴馬的支持。同時，參議院也會鼓勵董事會確保薪酬方案盡量符合股東的利益。」

我們從不一致的獎勵方案學到重要的教訓，因為只要有不一致的情況出現，問題就會隨之而來。不管是業務副總裁只關注季報而非建立長期的股東獲利，還是教練只在意自己的工作保障而非贏得冠軍，獎勵方案不一致是所有企業必須努力根除的問題。

問題癥結在於：一己的私利勢必會浮現，而且一開始以難以理解的方式，徹底影響我們的決策。唯一能真正根除私利的方法，就是使每個人的利益一致，這樣一來，個人利益便成為團體利益。

我們的21點團隊能夠避免私利，是因為我們訂定了一致的薪酬計畫。隊員只有贏錢才拿得到錢，而且贏愈多，拿愈多。無論你是關鍵玩家或是觀察員，拿到的錢永遠依據相同的標準。

我一直都很喜歡在新創公司裡工作，因為大家的薪酬目標相當一致。組織內幾乎每個人都是股東，因此在建立股東價值上團結一致。這一點在小型公司比較容易推行，

但是其他公司還是可以參照我們21點團隊的運作模式，
在所有情況中使獎勵方案保持一致。

衛斯贏了，我就贏了。我贏了，就表示投資者也贏了。
投資者贏了，觀察員也跟著贏了。如果每個人的目標一
致，事情就會這麼簡單。

**一致的行事作風，是我們團隊成功不可或缺的要素。
任何組織只要擁有一致的目標，就會在業界大獲全勝。**

第十章

分析統計數字如何幫助你贏得「輸家遊戲」?

> 「對書呆子們好一些,說不定哪天你就替其中一位工作。」
>
> ——微軟創辦人 比爾‧蓋茲

　　我還記得第一次試著把自己在算牌上的新事業告訴父母的情景。我父親是個絕頂聰明的人,高中和大學都是名列前茅畢業,事實上,他在台灣是少數不用參加大學聯考的學生之一;他想要讀哪間學校,隨他挑選,那些大學都會張開雙臂歡迎。他擅長數字和統計學,從大學、碩士、一直到博士都是讀化工,之後就在那個領域擔任教授。

　　也因此,我在向這位「學者」說明我的21點故事時,是抱持著審慎樂觀的態度。當時我才剛開始玩21點,對21點背後的數學深為著迷,我希望父親也跟我有同感。我一開始先向他解釋:我們的做法背後的統計學和數學理論之美;接著再討論,我們應用簡單原理擊敗21點遊戲的複雜方式,並且最後總結解釋:我們如何運用財務原

理，確保我們長遠下來可以賺到錢。

不過，我那聰明絕頂又對數學感興趣的老爸覺得，這是胡說八道，他不想要聽。「你不可能贏過賭場，他們用好幾副牌。在賭場玩得久，是不會贏的。沒人贏得過賭場好嗎。」他說。

我堅持自己的觀點，但是他完全不同意。既然他對我們的行動不以為然，我就乾脆改變話題，不談21點小組行動的內容，我記得當時因此鬆了一口氣。沒有人真的想要告訴自己父親，說自己是個職業賭徒。不過我還是對父親的反應感到失望，他根本不了解統計學和分析學在他熟悉的學術領域外所具備的力量，而且以狹隘的觀點看待數字的力量。對他而言，那種力量無法延伸到賭場中。

「擊敗賭場」的能力，一直是一般人難以理解的事情。但那是因為一般人從未花時間了解我們行動背後的數學原理。本質上，他們不相信自己無法理解的事情。這種對統計學懷疑的態度，在各類人身上都很常見，就連我父親這樣聰明絕頂的人也不例外。因此，當我們成立波粹網路體育交易公司，並且尋找協助宣傳統計學作用的思想領袖時，我們對於挑出適當的人選相當謹慎。

之前，我們有幸與比恩共同合作。本書已經徹底討論過比恩對使用統計和分析的讚賞。那種對分析的投入，使

得比恩成為最佳棒球思想領袖，他很早就受雇擔任我們公司的諮詢顧問。

接下來就是尋找美式足球領域的專家。

我們的一個主要投資人穆拉德跟NFL聯盟中的傳奇教練沃許（Bill Walsh）關係很好。沃許當然是個偶像人物，曾任三支超級盃冠軍隊的主教練。他首創「西岸進攻」（West Coast Offense）的戰術，並且對於挑選出蒙大拿（Joe Montana）及萊斯（Jerry Rice）這類名人堂天才球員，居功厥偉。沃許不是許多人認定的分析師，但卻很欣賞分析方法，因此對我們的工作給予很高的評價。

♠「我討厭統計學！」

沃許教練以投資人兼顧問的方式加入我們公司，所以我們已經擁有棒球及美式足球兩方面的專家，但是還缺少籃球方面的顧問。要找到這樣的人並不容易。我們花了很多時間腦力激盪，想找出適合的人選，結果我們盯著NBA的標誌圖案看時，突然想到了答案。

韋斯特（Jerry West）是洛杉磯湖人隊的名人堂球員，在十四年的NBA生涯中，每年都入選全明星球隊，之後成為湖人隊總經理。在他的任期中，湖人隊贏得七座總冠

軍獎盃。他還兩度當選年度NBA最佳管理者。後來，韋斯特離開湖人隊，我們找到他時，他正擔任曼菲斯灰熊隊的總經理。沒錯，他就是NBA標誌上的模特兒。

在我們腦力激盪會後兩天，我和我的合夥人肯恩斯搭機前往曼菲斯，目的是邀請韋斯特先生和我們一起進行運用統計來改革體育的運動。我記得，我們到韋斯特先生的辦公室後，坐在他對面，精神飽滿、極為興奮地向他說明：數學將會如何改革籃球運動。而他看著桌子對面的我們，然後沉著臉，嘴裡擠出簡單幾個字：「孩子們，我得告訴你們一件事。我討厭統計學！」

這似乎是出師不利。我幾乎已經放棄，只是請韋斯特先生建議在曼菲斯哪裡烤肉最好。然而，我們談得愈多，就愈清楚，他所厭惡的並不是統計學，而是現在NBA採用的各類分析方法。他認為，單憑艾弗森（Allen Iverson）場均30分的資料，並不能稱他是好球員，因為他可能在賽場上投球三十五次，才僅得到這30分。

我們繼續談話之際，韋斯特先生的態度開始大幅軟化。他帶我們參觀體育場內的訓練設施，而且極為專注。等到相聚的時間接近尾聲時，韋斯特先生還與球探講電話，詢問他們是怎樣公平地追蹤籃板球數量。他還呼應我們先前的討論，跟球探說，「在罰球不進的情況下獲得的

籃板球，並不等於能讓球隊掌握球權的進攻籃板。」不僅如此，他還跟球探說，他認為投籃的助攻，和灌籃的助攻，兩者不能相提並論。就在韋斯特先生以電話和球探交談之前，我們剛剛為這項討論下了結論——總之，我們花了兩個多小時與韋斯特先生談話，最後他同意擔任我們的籃球顧問。

最近我看到埃森哲公司（Accenture）的一份報告，裡面討論在美國大型公司中運用分析進行決策，這讓我想起韋斯特先生。該報告指出，受訪的美國公司中，有三分之二認為，他們需要「增進公司的分析能力」，但有61％的公司認為現有的資料不足以用來制定決策。聽起來耳熟嗎？

這些高階主管所說的話，與韋斯特的說法完全相同。他們並沒有這麼討厭統計學，事實上，有66％的人認為，他們的組織需要採用更多統計；但也有61％的公司認為，他們收集的資料並不足夠。

不了解或是不採納統計學的人，對統計學的風評很差。我們看到，傑出的化工教授、NBA傳奇人物，以及一群大型企業的高階主管，全都表示無法完全相信數字。我的化工教授父親認為，相信數字的力量可以延伸至21點這樣的東西裡頭，根本是一項失敗；而對韋斯特和一些

高階主管而言，誤用數字會令人挫折。

碰到討厭數字的聰明人並不稀奇，但是讓這些人轉而相信數字，是非常重要的工作。我的摯友瑪拉斯曾經告訴我：「能夠利用統計學來分析情況，是極為重要並且困難的工作，然而，想要說服人們同意統計學的功效，是同樣困難而且甚至更重要的任務。」

瑪拉斯是將統計學和資料運用於美式足球決策過程的先驅之一，他曾在舊金山四九人隊的組織中負責多項職務，如今擔任美式足球與業務營運部門副總裁。瑪拉斯擁有加州大學柏克萊分校商學院碩士學位，以及史丹佛大學企管碩士學位。

但是，從史丹佛企管碩士到 NFL 聯盟高層主管，瑪拉斯一路走來絕非平順。美式足球聯盟是一個組織緊密的圈子，不是「同道中人」通常不得其門而入。瑪拉斯以前不是、以後也不會是美式足球界的同道中人。

他的空降，招致了很多懷疑的目光，媒體形容他是一個「數字技客」（numbers geek），有位記者甚至曾問他，「如果美式足球業界沒有人知道他姓什麼名什麼，他會不會感到困擾？」但如果你和瑪拉斯說過話，你就會發現，他很有風度和親和力，擁有像蘋果派一樣道地的美式作風。他在業界迅速成名，不僅要歸功於這些人格特性，還

要歸功於他運用統計學和分析的能力。

瑪拉斯說：「我試著幫助組織裡的人們了解，我採用的不同策略如何在過去產生作用，或是對其他組織產生作用。我提供一些成功故事的軼聞，他們就能了解我努力推銷的做法價值何在，此外，**幫助他們進行理解，是關鍵所在。**」

同樣的，籃球分析先驅比奇也與我分享了他自己和小牛隊教練團直接共事時的經驗。「這裡沒有人討厭數學，他們極有競爭力，非常想要贏球，如果你能提出有助於取勝的方法，他們會樂於接受。換言之，只要方法有見地即可。」比奇繼續解釋說，他努力與教練團培養關係，盡量不要「一開始惹太多是非」。

但是同樣的，在籃球統計界，比奇是一個特例。當我們開始談到他在小牛隊的角色時，他顯然別有用心。我認識比奇已經五年多，我們創立波粹公司時，他是我們第一批統計專家之一，即便是當時，他讓我覺得他是真正獨特的統計專家。他的統計能力固然無與倫比，對體育運動的熱情也是顯而易見，但他絕沒有學者的理想主義，而且總是醉心於他對遊戲競賽所不了解的那一面，也就是遊戲競賽中無法量化或起碼尚未量化的層面。

「我總是想看到更多資料，並且嘗試找出，將看似不

可能的事情模式化的方法。」比奇解釋道。

在體育界，籃球統計派人士和非統計派人士之間，多年來一直存在著分歧。比奇和籃球界人士一樣，也將這種分歧歸咎於統計派人士。「統計派人士不太了解球隊組織裡的人所作的犧牲。他們會說些諸如以下的話：『你錯了，因為我的數字是這樣說的，你三十年的經驗根本不算什麼。』當然，那類互動不會受歡迎。」

比奇鼓吹說，統計派人士必須承認自己不懂的部分，並且在一段時間後，了解自己對於籃球比賽本身有多少要學習的地方。他相當有心要縮小統計派人士和非統計派人士之間的分歧，所以才會離開位在加州中部海岸一個偏遠海灘城鎮的住家，隨著小牛隊東征西討，經歷整個賽季的八十二場比賽。

「只有隨隊出行，我才能夠了解球隊『化學反應』，以及球場上實際互動等事情的影響。」比奇解釋道。

這種努力和理解，正是讓比奇這類人在真正的籃球統計派人士中成功的原因。如果你遇見比奇、莫雷、還有瑪拉斯這樣的人，**你會從他們身上看到一致的主題，那就是「實用主義」**。此外，他們全都很讚賞和尊敬那些對統計一無所知的共事者，這也使他們獲得同樣公正、公平的對待。

我們不能忽視這種一視同仁的重要性。沒有人想要聽

別人批評他們錯了，或是他們什麼都不知道，這種批評只會讓他們採取防衛姿態。不僅如此，統計派人士必須克服一種實質的心理障礙，那種障礙在體育運動界最常見。

有一次我和作家路易士共進午餐，聽到他稱這種情況為「技客與運動員之爭」，他還解釋說，在團隊中掌權的人，大多都是運動員出身，他們受到歡迎，而且因為處於體育界，在爭鬥當中總是握有權力。那種權力失衡，在專業運動界中持續存在。

運動員享有崇高的地位，球隊老闆要負主要的責任。縱觀歷史，大部分球隊老闆要不是從上一代那裡繼承球隊的所有權，就是錢多到根本不需要在乎球隊的發展是否健全。洋基隊老闆斯泰因布萊納（George Steinbrenner）最初買下球隊，據說花了 1,000 萬美元。如今這支球隊的價值超過 12 億美元。對老闆來說，這些球隊就像玩具一樣，擁有這些玩具的好處之一，就在於：他們有機會跟那些在高中時期會霸凌他們、把他們塞進置物櫃裡的球員混在一起。

這就解釋了為什麼像馬特・米倫（Mart Millen）、麥可・喬丹（Michael Jordan）及凱文・麥克海爾（Kevin McHale）等人除了當球員之外，幾乎沒有其他工作經驗，卻依然被球隊請去經營管理球隊。

米倫是前美式足球聯盟後衛球員，曾協助自家球隊獲得四次超級盃冠軍，之後由底特律雄獅隊招入麾下，擔任球隊總裁和執行長。米倫毫無美式足球聯盟的管理經驗，離開球隊後做過一些球賽的轉播工作，但福特家族還是覺得理所當然要將球隊的管理權交給他。結果此舉創下任何美式足球聯盟球隊自二次大戰以來最糟糕的八年比賽紀錄，最後米倫遭到解職。

　　麥可‧喬丹可說是史上最偉大的NBA球員，他擔任管理職不只一次，而是兩次。第一次在華盛頓巫師隊的短期工作徹底失敗，造成球隊獲得110勝179負的糟糕戰績，他也因此在未獲得正式告知下遭到解職。喬丹自作聰明的做法之一，是聘用了長期擔任大學籃球教練的漢米爾頓（Leonard Hamilton），即使漢米爾頓並沒有職籃經驗。在球隊經歷了一個19勝63負的糟糕賽季後，喬丹要漢米爾頓打包走人。

　　隔年，喬丹試圖東山再起，重返球場為巫師隊效命，結果同樣毀譽參半，因此在2003年，喬丹最終決定再次退役，希望重新回到球隊總裁的位置。球隊投資人決定，他們花了太多時間和喬丹這位籃球偶像相處，所以宣布：「喬丹在華盛頓召集的籃球新秀表現或許不如人意，但我確信，他希望巫師隊獲勝和成功的心意是不容置疑的。」

這段話並不完全是大力支持喬丹。

在現實情況中，曾被公司開除的人很難再找到工作。然而，等待喬丹加入，希望他執掌自家球隊的老闆們卻大排長龍。夏洛特山貓隊老闆詹森（Robert Johnson）找到喬丹，承諾給喬丹一定的股份，外加球隊的營運管理職位。在宣布聘用喬丹的記者會上，詹森說：「我很高興能請到我的朋友喬丹加入我的商業與體育事業。」詹森是籃球場外極為聰明和成功的生意人，他更想說的可能是：「我很高興的是，我今後可以和喬丹混在一起了。」誰能為這番話責備他呢？

喬丹在夏洛特山貓隊的經歷，比起之前在華盛頓的時候，並沒有什麼進步。他加入球隊的前三個賽季，球隊的戰績是100勝146負，而且從未打進季後賽。此外，由於一連串可笑的選秀，山貓隊的戰績並沒有比喬丹來之前的時候更好。

退役球員的魅力是無庸置疑的，但在過去幾年中，這種情況正在改變。隨著新派球隊老闆的出現，體育界有了新的文化，「技客」擁有更大的發言權。

但試想一下：球員現在要聽技客批評他們對體育運動的想法樣樣不對，心裡一定很懊惱。他們不會接受這種情況，而且可能會把技客塞進另一個置物櫃中。相反的，讓

技客承認這種動態並且採取因應的做法，是很重要的，也就是說，技客不該變成驕傲自大，自以為無所不知的人。

這套比喻可以從體育界應用到商業界，因為相同的權力動態也適用於大部分執行長。以我們的朋友威爾許為例，他從初階工程師做起，一路做到奇異公司執行長，將近四十年的資歷賦予他大量的權利。他會成功是有原因的，而且他對自己具備的知識和經驗充滿信心，也很正當合理。貶抑那種知識和經驗，就等於告訴一位運動員：他對運動一無所知。

就連我父親也有類似的觀點。當然，他年僅二十一歲的兒子不可能教他有關數字的新東西。他對我這方面的能力一直存疑。

那麼，有哪些重要的方法可以用來說服運動員（他們其實不是討厭數學），或是說服自認為無所不知的人，讓他們知道數學的用途其實還有很多呢？

♠「聰明」和「行事聰明」間的差異

第一步是「**注意態度**」。千萬不要強勢主導。如果在韋斯特先生表示他討厭統計學之後，我立即駁斥他，他可能會把我攆出他的辦公室。這樣我們就不可能有機會找到

彼此在籃板球和助攻等話題上的共同點。

統計學界存在著傲慢氣焰，這種氣焰大多是來自於技客／運動員之間的動態變化。技客一向自認為比運動員聰明，所以他們的工作變得更重要，權利意識也更強。不幸的是，這種態度往往造成反效果。

瑪拉斯在職涯初期遭遇的阻力，造成他避開公眾的注意，並且盡可能保持低調。他很樂於將自己的成就歸功於他人相助，並且是很好的團隊成員。這種自我壓抑，促使他迅速從商學院實習生一躍而為球隊營運副總裁。即使到今天，他依然遠離聚光燈，改由老闆和總經理出席所有的記者會。他幾乎是害怕公眾注意，在得知我要將他的故事寫入本書時，他甚至要求將寫成的稿子先交給他過目。

當然，要保持謙遜，說來容易做起來難，因為當你擁有偉大的構想時，你一定希望全世界都知道。**不僅如此，我們對自己的工作全都相當引以為傲，但是「聰明」和「行事聰明」兩者之間有很大的差異。**在這種動態變化中，行事太過鋒芒畢露，很可能會惹禍上身。

《Inc.》雜誌特約編輯布坎南（Leigh Buchanan）在一篇名為〈辦公室：聰明到令人不安〉的文章中，將上述情況說得很好。她指出，「看上去聰明過人」的員工會令老闆備感威脅，**聰明的求職者在應徵工作時會恰如其分的展**

現才智，令潛在雇主印象深刻，但又不致於威脅到人。基本上，就是要行事聰明，但是不鋒芒畢露。

作為21點小組，我們發展了一套名為「游擊隊關鍵玩家」（guerilla big player）的策略，來掩飾我們的聰明。「關鍵玩家」是我們團隊的命脈，他們是最高階的玩家，已經通過最嚴格的訓練，能夠決定我們團隊的損益，所以技術水準毫不含糊。問題是，要當個關鍵玩家，需要耗費大量的時間、承諾和智力，因此，關鍵玩家也成為團隊中的有限資源。

為因應這個問題，我們發展了一項新策略，以訓練新人成為「游擊隊關鍵玩家」。游擊隊關鍵玩家不需要一般關鍵玩家的技術水準，事實上，他們甚至不需要學習如何算牌，只需要記住「基本策略」即可。他們進了賭場，一定會與一名「信號員」同桌玩牌。信號員會算牌，並且具有關鍵玩家的基本技術水準，但基於各種原因而沒有擔任關鍵玩家。他們會承擔所有的苦差事，其中包括算牌、計算、估量，然後向關鍵玩家打暗號，告知該下注多少。這些暗號非常隱蔽：單手托下巴，籌碼擺成特定的形狀，或是比出某種手勢，都是在告訴游擊隊關鍵玩家該怎麼做。

這個策略的優點在於：游擊隊關鍵玩家除了偶爾注意信號員的暗號之外，什麼事都不需要管。這樣他們就可以

隨心所欲扮成不同的角色，逃過賭場的監視。我們的游擊隊關鍵玩家中，有個名叫史蒂夫‧麥克利蘭（Steve McClelland）的成員就是扮演這類角色的箇中好手。

史蒂夫和我已經有十五年的交情，他身形高大，笑口常開，而且笑聲極富感染力。他非常聰明，擁有杜克大學生物醫學工程學位，但卻相當平易近人。他扮演游擊隊關鍵玩家的角色時，正是抱持這種率性的態度進入賭場。

史蒂夫在擔任游擊隊關鍵玩家的期間，令我最難忘的一件事是：某個週日早上，史蒂夫啃著一顆蘋果走進百樂宮（Bellagio）賭場，並且在賭場裡走來走去。按常理來說，賭場裡不會有人拿著蘋果啃，有這種行為的人是怪人，而這種怪人通常都不怎麼聰明。接下來，只要史蒂夫不玩21點，他就會站在輪盤後面緊盯著轉動中的輪盤，偶爾下個小注。輪盤算得上是賭場中勝率最低的遊戲，所以如果史蒂夫愛玩輪盤，他肯定不怎麼聰明。

關鍵是他所下的功夫：他坐到牌桌上，讓賭場工作人員相信他不構成威脅。他習慣坐在較為低矮以便配合坐輪椅賭客的殘障人士專用桌，並且問莊家，「那張牌桌上的規則是不是一樣？」當莊家解釋過規則的一致性後，他會來上這麼一句：「所以規則一樣，就是桌子矮了點……」

那天早上，他在百樂宮賭場上演了一齣我最喜歡的好

戲。他和信號員坐在21點牌桌上，發牌員一開始發牌，他就俯身到桌底下繫鞋帶。他在桌下時，莊家已經發牌給他，並且等著他起身，看看他是否選擇繼續要牌。但他卻沒有這麼做，在桌下一直不起來。

莊家等得有點不耐煩，於是問道：「先生，我需要知道你想怎麼處理你的一手牌。」

史蒂夫還是沒有起身，假裝還沒繫好鞋帶。他在桌下問道：「我的牌面是多少點？」

「12點，先生。」發牌員回答。

「那你呢？」史蒂夫繼續發問。

「我的牌面是一張6，先生。」發牌員開始有點惱怒。

史蒂夫知道莊家不接受口頭上的訊息，所以他身子雖然繼續待在桌下，但是手卻伸到桌面上，衝著莊家擺了擺手，示意自己不再要牌了。如果有人連繫鞋帶都有問題，甚至連自己的牌都不看，那就不可能是非常聰明的人。

憑藉這種舉動，史蒂夫有一陣子都能夠避開賭場的注意。賭場工作人員對他的行為不以為意，因為他們認為他不是個聰明人。事實上，他那種看似笨拙的行為很討喜。即使當有些人察覺史蒂夫的小伎倆，他也因此被逐出賭場時，你仍然可以感覺到：他們還是覺得他並不構成威脅。

「我有一次從旁聽到，有位監場員跟一位發牌員問到

我的事情。『你覺得那個人是不是有病？』他們說。」史蒂夫邊回想，邊微笑。「他們不覺得我是算牌員，因為他們根本沒想到我會算牌。」

我們的團隊成員一直裝作腦袋不太靈光的樣子。我們從不提麻省理工學院的名號，對自己的大學經歷總是胡謅一通。我們很清楚，高智力水準只會讓賭場採取防衛姿態，讓我們更難完成工作。

♠ 數學的本質：讓複雜的事情變簡單

不知何故，統計學界總是與我們反其道而行，試著讓他們所做的事情看起來很複雜。或許這代表某種榮譽勛章，又或許這代表某種防衛機制。如果使用統計學易如反掌，人人都會這本領，市場對聰明統計學家的需求就會大幅降低。但是讓分析看起來很複雜，就會令大眾對統計分析敬而遠之，而大眾一旦採取防衛態度，就比較不會對統計分析提供公平的機會。

數學教授兼知名作家加德博士（Dr. Stanley Gudder）的一句話，恰如其分的總結我對此事的想法：「**數學的本質不是將簡單的事情複雜化，而是讓複雜的事情變簡單。**」

事實上，當我與體育界或商界人士談話時，我都盡量

不用「分析」和「統計」這些字眼，而是告訴對方：該如何運用過去的資訊，協助制定關於未來的決策。沒人會跟你說，他們不想要用更多資訊來做決策，但他們同時可能會告訴你：他們不想再聽到「統計」這個字眼。

要讓統計學變得平易近人，不只要調整自己的態度，還要像制定業務人員的激勵方案那樣，讓使用數學制定決策變得簡單和透明。**以簡單扼要的方式展示數據導向決策的價值，讓原本對統計學懷有敵意的人接受你的方案。**普通的 21 點玩家並不符合那種類別，我必須說服其中許多人相信算牌的價值。

在《贏遍賭城》這本書問世之後，我有機會在很多公開場合推介該書，其中一次是在國家公共廣播電台的一個地方聯播台。在那次的電台節目中，我向感興趣的聽眾述說我們的故事。訪談進行到大約十五分鐘時，主持人問我是否願意接受聽眾們的 Call-In 電話。我欣然接受，並且開始回答聽眾的來電。

前幾位打進來的聽眾問了一些典型的問題：算牌是非法的嗎？當然不是。你能去拉斯維加斯嗎？我當然能去。他們還不致於派人在麥卡倫機場的跑道上等我，在我一露臉時就要我立即折返。幾乎每一家賭場都准我進去，而且很歡迎我。不過，他們容許我玩 21 點嗎？那就另當別論

了。

第三個打電話進來的聽眾更有意思，他劈頭就誇耀自己神乎其技的算牌技術：「我算牌的技術很棒，而且非常了解你們運用的那套理論。不過算牌很無聊，會讓玩牌的所有樂趣跟著消失。」

這是我頭一回聽到有人批評算牌的娛樂價值。我請他詳細解釋何謂「無聊」。

「我的意思是，算牌只是一直做相同的事，從不曾運用過直覺，太機械化了。我想要從那裡走出去，稍微賭一下。」那位聽眾回答道。

Call-In的聽眾名叫吉姆。我很想知道他在暗示什麼，「所以說你會算牌，但卻寧可不去算，因為你覺得算牌不好玩？」

「對。」

「那麼，吉姆，讓我問你一個問題。到底是贏牌好玩，還是輸牌好玩？」我問道。

他停頓了一會兒，回答：「贏牌比較好玩。」

「我們算牌就會贏。」我表示。

吉姆再度沉默，最後突然脫口而出一句：「我懂你的意思了。」

我用這種清清楚楚、毫不含糊的方式陳述，就讓吉姆

改變態度。其實，事情本來就是這麼簡單。我們算牌的理由就是：我們想要贏牌。有更多職業球隊最終選擇將資料納入決策流程，也是因為渴望勝利。每一家企業應該採用分析法，原因也在於：數據分析會幫助企業獲得成功。

但有時候，即使這種簡單的資訊也不夠用。當你試著將分析法引進一家組織時，你會面臨一些對你不利的心理因素，而且在嘗試促成改變時，務必要意識到這些障礙。

由於分析法通常是非管理階層核心人士所創造出來的，將分析法引進一家組織，難免會讓組織裡出現「非我發明」（not invented here）症候群。在這種情況下，抗拒新構想的力道會更強，只因為新構想是在組織的核心團體以外發明的。

我與 MLB 職棒大聯盟一位球隊總經理有過數次交談，在初次接觸的過程中，我感覺到他對「非我發明」的東西有點意見。因此，我抽掉原本準備好的長篇簡報，改以對話方式進行，讓這位總經理有很多機會對問題提供答案，而這些答案，其實已經附在簡報中。**讓他有機會覺得構想是自己發明的，使得談話變得更容易。**

就連和沃許教練第一次見面時，我也花了很多時間和他談論他的點子和想法，而不是把我這方的新概念一股腦地向他推銷。所幸，他的許多想法與我們的想法不謀而

合，因此整個流程進展順利，不過，讓他有機會對我們的構想產生權責意識，對於促使他接受我們的想法和產品當然有幫助。

有時候，我們甚至不需要對方認同，只希望對方能看一下我們的產品就夠了。以荷蘭公開交易公司Vistaprint的情況為例，這是一家提供「優質圖形設計服務和客製化印刷產品」的電子商務公司。該公司的大眾化價格是小型企業和一般消費者的最佳選擇。憑藉著先進的設計和印刷技術，以及強化的基礎架構，Vistaprint能夠在高度競爭的市場中提供具備成本效益的解決方案。該公司多年來都很賺錢，營收從2005年度的9,090萬美元成長到2009年度的5億1,580萬美元——要印一大堆名片才能賺這麼多錢。但是這間公司能夠如此成功，主要的原因之一就是「致力於分析數據」。

該公司有兩個經營指導方針，亦即「分析導向的決策」和「投資前先檢驗決策的文化」。在這種經營指導方針下，很容易可以看出：**公司對數據抱持著高度信任**。他們能夠成功，就在於將資料文化灌輸給員工；他們使資料分析變得易於運用，讓那些即使討厭數學的人都能清楚看到數字。

該公司資深行銷總監麥克萊恩（Todd McClain）向我

解釋Vistaprint的理念，他說：「談到資料和分析，我們是非常透明化的組織，所有的資料一應俱全，可供員工檢視和使用。我們確實擁有專屬的分析團隊，不過全公司每一位員工都具有某種分析和量化的心態。基於這一點，同時為了創造規模，我們多年來創造了許多內部使用的工具，讓非技術性員工能夠收集和使用資料。我們讓行銷人員自行鑽研數據，以進行每天的行銷活動，他們不需要尋求技術部門的分析支援。這讓我們的分析團隊能夠專注於更重大的事情，並且在分析、指導決策，以及在策略上更積極主動。」

麥克萊恩強調自家公司透明化做法的資源優勢，其中傳達的清楚訊息是：讓所有員工使用分析法，是爭取員工認同這些方法的重要步驟。Vistaprint協助公司裡沒有統計學背景的員工，讓那些數字就像自己公司產生的一樣。

然而，如同Call-In聽眾吉姆所指出的，要有一定程度的勇氣，才能夠不靠實際分析來制定決策，此外，制定數據導向的決定所需要的精力，當然比光是擲銅板所需要的精力還多。我和某位前21點小組組員探討過這個問題。我們當時正在和一些朋友打撲克，我注意到他打牌的策略很奇怪——精通統計學的人不可能會這麼做。在休息時間，我問他為什麼會這樣出牌，因為我覺得事出必有因。

他只是對我笑了笑，然後說道：「我們在21點的牌桌上輸贏那麼多錢，你真的覺得我在乎打撲克的賭金？我只是想輕鬆一下，並不在意輸贏。現在要我計算底池概率（pot odds）似乎太累人了。」

利用數學做決策，一向都不輕鬆，但如果你真的決心贏牌，研究統計數字一定值回票價。這一點不僅適用於21點牌桌或是球場上，也適用於商場上。只不過，除非以正確的方式提出分析，而且要懂得簡化、謙遜和協同合作，否則人們往往會抗拒使用統計分析。不幸的是，**許多偉大的統計分析構想都未能問世，因為呈現它們的方式不正確。**

在思考如何將「分析法」帶進日常工作和生活時，千萬不要覺得它只是數學或數字。要當它是一種全新的決策方法，透過這種方法，你能夠系統化地結合比以往更多的資訊、客觀地檢視決定，並且能夠成為常勝軍。

第十一章

關鍵時刻該相信直覺？
或相信數據？

「正因為數據太過氾濫，在這個新資訊社會，直覺變得愈來
愈珍貴。」

——趨勢與管理大師　奈斯比（John Naisbitt）

討厭數學的人通常會迴避數據導向的決策，因為他們
仰賴自己的直覺進行判斷，其中最著名的代表當屬前奇異
公司執行長威爾許。他的自傳書名沒有取為「全憑智慧」
（Straight From the Brain），而是取為「全憑直覺」（Straight
From the Gut），這名字聽起來酷多了。

我篤信數據導向決策，卻又講求務實，我一直很納
悶，在數據導向的世界中，直覺應該扮演什麼樣的角色？
對我而言，這是一個困難的問題，因為我的21點背景促
使我相信：直覺根本派不上任何用場！

在《決勝21點》這部電影中，有一幕戲是這樣的：以
我為原型的角色——坎貝爾沒能沉住氣，開始在賭桌上拼
運氣。他拿到一手壞牌後，情緒激動起來，不斷提高下注

的籌碼，即使他知道這樣做在統計學上並不合理。那次他輸掉了幾十萬美元，他的隊友目睹這一幕，都很震驚。好萊塢版的故事將此舉描述為一項拙劣的決策，因為坎貝爾輸掉一切後，才了解自己做錯了。

我第一次讀電影劇本，並且看到這一幕戲時，我對它的嚴重失真感到困擾。我甚至要求編劇將這一段情節刪除。我解釋說，算牌員都是喜怒不形於色，劇本裡描寫的這種情況根本不會發生，也不能發生。我們了解，「牌桌上容不下直覺」。事實上，如果我們犯了像劇中的主角所犯下的錯誤，一定會馬上被攆出團隊。我們所做的每一項決定，全都是黑白分明，沒有任何灰色地帶。

這種黑白分明的做法，是以要求新成員牢記「基本策略」作為開端，而這個基本策略就是「每一項決定只有一個解答」。他們必須充分了解這項策略，接受連續將近三百六十局21點的實戰測試，而且一次失誤都不許發生。如果失手一次，就要重新開始計數。通過這部分的測試後，還要完整寫出全部的基本策略圖表（請見附錄I），以證明自己對策略的徹底了解。

每一局都有一個明確的答案。一對A就要分牌；11點時，只要莊家明牌不是A就雙倍下注；軟17對莊家的明牌10點時，要繼續要牌。這些基本策略是學習21點的第

一步。21點沒有可供直覺發揮的餘地。

新手充分掌握基本策略之後，我們會跟他們介紹算牌的概念。根據極為簡單的方法，每張牌都代表一個點數，新手會接受幾小時的訓練。10、花牌和A算減1分；2、3、4、5和6算加1分；7、8、9算0分──這些是規則，不能討價還價。

新手的算牌能力會受到考驗，而且同樣不能出現失誤。新手們必須通過各式各樣的算牌測試。他們有時只是純粹站在牌桌後面，看別人玩牌，有時則必須坐在牌桌上同時玩兩副牌，並且準確無誤的算牌。在總共約二十四副牌的測試過程中，最多只能出現兩次錯誤，如果超過兩次，就得重新來過。

一旦通過了算牌測試，就要學習如何運用算牌結果來決定下多少賭注。按照算牌結果，有個簡單的數學公式可以告訴你：這手牌要下注多少。在發牌的過程中，玩家要根據算牌結果，以及尚未發出的牌數來迅速計算，進而下注。他們每一個決定都是以數學為基礎。要是對發牌員或是賭桌上的其他某個玩家感覺不好，就得克服這種心理；要是因為連輸三局而感覺手氣不好，也沒有自認運氣不佳的餘地──他們只需要遵循基本策略，根據數據做出決定即可。

21點世界的結構和安全性，都讓人感到非常安心。我知道這話聽起來很奇怪，但我一直想在21點世界之外找到類似的環境。我的交易員工作當然沒有讓我達到這個地步，我在21點以外所探索的每一個管道，都達不到標準。

坦白講，我知道自己在牌桌上所做的每一個決定都是對的，而且從未做出錯誤的決定。這並不是指「我從未犯錯或是從未輸過一局」，而是指「我每個決定背後的基礎和目的一向都是對的」。我不確定我是否可以針對別的領域說出同樣一番話。

正是這種對數學的仰賴，讓21點牌局真正獨特，而且成為每一個決定都由數據支援的遊戲。在玩21點的決策過程中，直覺完全無用武之地。

撲克（Poker）*跟21點很相似，它們都需要記牌並且計算條件概率。如果我手上有一張A，別人手上拿到A的概率就會降低。此外，我可以根據期望值和概率來判斷應該下多大的注，因為我知道：我的決定背後有數據支撐。

只不過，這兩種遊戲之間也存在著一些明顯的差異。

---

* 泛指以撲克牌進行的博奕遊戲，此處也意指必須基於出牌機率及玩家心理來下注、做出正確決策的「德州撲克」遊戲。

在玩21點時，你的對手只有莊家，牌桌上的其餘玩家並不重要。更簡單地說，你始終可以知道莊家要做什麼，這是21點遊戲的潛規則。莊家在沒拿到17點之前，需要一直要牌，直到總點數達到或超過17點；莊家在總點數達到或超過17點時，就要立即停牌。按照這個規則，如果莊家拿到的牌點數是12，你會知道莊家必須再拿一張牌。如果此時你手中牌的總點數是18，而莊家又拿到一張5，他的總點數就是17。雖然他沒有把你打敗，但也不能繼續要牌，只能自動認輸。

　　了解這些基本知識之後，當你的牌是15點，而莊家的明牌是5，基本策略會告訴你：此時選擇停止要牌是最佳做法，因為莊家拿牌，你最大的勝算就是等著莊家爆掉。基本策略就取決於莊家行動上的確定性。

　　但撲克的情況可不一樣，你的對手們可不會受限於特定規則。他們可以隨心所欲地選擇打法，而玩撲克的關鍵之一，是發現對手們的癖好。面對同一副牌時，兩名撲克選手選擇的打法都可能會天差地遠。解讀對手並且預測對手行為的能力，是玩撲克所需要的關鍵技巧，但對21點卻派不上用場。在應用數據導向的決策上，撲克不像21點那麼簡單。

　　不過，如果你能夠簡化撲克，讓它變得更像21點，

你就可以創造出最佳策略——撲克的基本策略。換句話說,如果你能讓對手們都按照一定的規律和你預想的方式出牌,如同21點的莊家一樣,就能設計出像21點那樣數據導向的架構。

為了將複雜的情況模式化,通常必須大幅簡化情況。你需要做一些假設,讓問題變得可以控管。這也就是布洛赫(Andy Bloch)在為撲克決策創立數據導向架構時所做的事。

布洛赫是過去十年中最成功的職業撲克選手之一,在巡迴賽中總共贏得了400多萬美元的獎金。他參加過二十多屆世界撲克錦標賽,並在無數的巡迴賽中稱勝,包括2008年的職業業餘撲克混合賽(Pro-Am Poker Equalizer)、買入(Buy-in)金額高達1萬美元的終極撲克挑戰賽II,以及2002年世界撲克決賽的七張牌梭哈(Seven-Card Strud)大賽。他聲名鵲起,除了因為在巡迴賽中稱勝,還因為擁有極高的教育水準——他是麻省理工學院電子工程學學士、碩士及哈佛大學的法學博士。

布洛赫的撲克生涯是從康乃狄克州的快活大賭場(Foxwoods Casino)開始的。快活大賭場最初是一家賓果娛樂廳,1992年才開始增加桌面遊戲,因為靠近波士頓和紐約這兩大城市,很快就吸引很多像布洛赫這樣高學歷

的賭客。布洛赫參加了那裡舉行的每週35美元撲克巡迴賽,每月都要從波士頓搭兩小時車來一次,他的撲克生涯也從此展開。但是一年後,賭博就不再只是布洛赫的愛好而已。

那年,布洛赫失業,他來到快活大賭場,偶然發現賭場新添了一項名為「希科克六張牌撲克」(Hickok 6-card Poker)的新遊戲。這是一種新的玩法,對手是莊家。他觀察了一段時間,認為這個遊戲是有勝算的。布洛赫寫了一些電腦程式,發展出一套「能讓希科克玩家獲得大約6%重大優勢」的策略。

在一項每週舉行的撲克比賽中,布洛赫遇到幾位麻省理工學院校友,這些人曾是21點小組成員,他們聯合行動,成立一支由麻省理工學院學生和其他人組成的團隊,要擊敗新遊戲。這支新團隊連續贏了幾個月,但賭場很快做出反應並為此改變了遊戲規則,使希科克遊戲變得無懈可擊。

平均而言,希科克團隊每小時贏大約30美元,總共贏的錢不到10萬美元,但更重要的是,這次經驗讓布洛赫認識麻省理工學院的21點小組,也帶他進入職業賭博的世界。他從1994年底開始到麻省理工學院小組那裡進行練習,並且在1995年初跟著小組到拉斯維加斯,進行

他首次的21點之旅。與此同時，他對工程師的工作愈來愈厭倦，於是索性辭職，開始全心研究21點和撲克，並為自己的未來作打算。他如今已是過去十年中最成功的撲克選手之一。

布洛赫既有分析背景，又有21點的實戰經驗，由他建立撲克的純數學最佳策略，是再適合不過的了。他從算牌者的角度檢視撲克，努力建立一個架構，期望藉此在玩撲克的決策過程中擁有21點一般的信念。

為了建立這個架構，布洛赫針對撲克玩家手中所持任意兩張手牌的組合，進行了絕對客觀的排名。透過這樣的排名，玩家可以在翻牌前（發出任何公共牌之前），一致地設計出數據導向的策略。要達成這個目標，布洛赫不僅需要一台電腦，也需要先將問題簡化。由於要考慮的因素遠多於21點，這並不是個簡單的問題。

他所做的第一件事，是將牌桌上的其他玩家人數減少到一人，因此在模擬遊戲中，他只考慮一對一的情況，假設牌桌上只有另外一名玩家。接著，他需要讓對手以可預期的方式行事，因此他假設對手只有兩種選擇：棄牌（fold）或是全押（all-in）。

進行這些簡化之後，布洛赫就能夠針對共一百六十九種可能的一手兩張牌（two-card hand）組合，建立一個排

名體系。把該知識與一百六十九種手牌的出現頻率結合起來，讓布洛赫擁有關於成功策略的一些數據導向資訊。

就這樣，布洛赫發展出他的撲克基本策略。

♠ 打撲克的啟示：直覺必須有所根據

我與他談話時，很懷疑他的撲克基本策略是否能夠像21點基本策略那樣，受到玩家認真遵循。布洛赫所作的練習，讓他得到所有起手牌的基本排名，以及如何玩起手牌的概論。然而，這些結論都是建立在過度簡化的情況上，撲克仍然擁有很多難以說明的變動部分，跟21點基本策略的情況不同。

即使撲克真有基本策略，擁有的變數也會多得多：牌桌上的玩家人數、你所坐的位置、資金量的大小與大盲注（big blind）的比例、目前賭注總金額等等。更不用說每位玩家都有自己的玩牌方式，技巧水準、策略和知識各不相同。想要建立起預測整個牌局的模式，似乎是不可能的任務。不可能有一個基本策略能夠涵蓋每一種情況。

那麼，如果布洛赫的策略因為過度簡化而無法涵蓋每一種可能性，布洛赫又怎麼在極端的情況中做出決定呢？當然，撲克和21點不同，不但允許布洛赫運用直覺，有

時甚至要求他這麼做。但如果那是真的,那種對於直覺的需求,跟布洛赫這種不折不扣的分析派要怎麼搭配?布洛赫所建立和執行的,都是純數學的致勝策略。

我和布洛赫通電話時,問了很多關於撲克「直覺」的問題。我問他:「你有多常偏離你的撲克基本策略?」

「我試著持續遵循這套策略,不過我會看牌桌上的對手類型來調整。如果我知道大盲注裡有激進型的玩家,每次在大盲注時會增加下注,我就會打得保守些。或者,如果我左手邊有個鬆散的玩家,我就會打得更加保守。但那些變動也不是隨意做出,它們背後有個架構。」布洛赫深思熟慮地回答,讓我更加確信,他是分析派的領導者。他在牌桌上的一舉一動,都經過深思熟慮和精心策劃。顯然,布洛赫謹守紀律,並且以看待21點的方式來看待撲克。

但即使布洛赫的回答存在著某種主觀成分,而這種主觀性,在關於21點的討論中是看不到的。所以我決定直接問他一個我自己很關心的問題:「在玩牌的時候,你如何平衡直覺和數學分析?」

布洛赫停頓了一下,然後說道:「**我運用直覺,但是我會用得很小心。如果太依賴自己的直覺,就會開始聽到非直覺的事情。**比方說,你手裡已經拿了一對4,然後想

說公共牌還會有一張4，所以就全押。這就不叫直覺了，而是猜測。」

「你必須正確運用的直覺——有根據的直覺。就好比你注意到對手的某些破綻，這些破綻讓你做出平常不會做的跟注（call）。你可能並未意識到讓你跟注的確切原因，但是你的直覺是以某種事實為基礎。」布洛赫總結說。

這當然跟大多數人口中的直覺不同。布洛赫繼續解釋他對直覺的看法：「碰到從未見過的情況時，我會根據直覺行事。所謂從未見過，是指沒有機會建立模型的情況。」

這段話令我大感興趣。在21點的策略中，直覺毫無用處，因此我一直想弄清楚：直覺在數據導向的世界中應該扮演什麼角色？或許布洛赫的這番話帶給我線索。直覺的定義是「不依賴任何推論過程，對真相、事實等的直接感覺」。但是布洛赫的觀點卻不一樣，因為它有推論過程——有時有意識，有時是不自覺。

布洛赫界定了新類型的直覺，這種直覺背後顯然有數據資料做後盾，是無意識的數據導向決策。推理可能不在電腦或是試算表中，但它確實存在。

這次與布洛赫的會面，讓我想起自己與教練沃許第一次見面的情景，當時我們試著建立一個新架構，以便評估美式足球運動員的賽場表現。我們的初衷是：傳統美式足

球統計法並不能清楚描繪全局。

美式足球的累積統計方法，當然有缺點存在。在美式足球賽季期間，如果打開週一早上的報紙，你經常會看見前一天各場比賽中100碼回攻達陣者的名單。但誰知道這些成績當中，是否有些是真的那麼優異？如果僅嘗試二十次就成功實現100碼回攻達陣，這成績相當好；但如果跑鋒需要嘗試三十次才實現達陣，這樣的成績還能算是好嗎？

所以要找出真相，接下來的步驟當然是去看那些以比率為基礎的統計，而非累積的統計，就上述例子來說，要看每次進攻的衝碼數，而非總計的100碼回攻結果。但每次衝碼數要達到多少才算是優異？在第一個例子中，跑鋒每次衝碼的平均距離在5碼，我們就認為他的表現不錯；在第二個例子中，跑鋒每次只能帶領球隊向前推進3.3碼，我們很確定這種成績不甚了了。那麼，難道說跑鋒每次的衝碼數必須介於3.3碼到5碼之間，才算差強人意？

答案沒有那麼簡單。我們折衷一下，舉之前的例子來說，可接受的每次衝碼數是略高於4碼。但並不是所有的平均衝碼數高於4的跑鋒都是成功的。在第三次進攻中衝鋒超過4碼，距離達陣還有3碼的跑鋒，製造出首攻和一連串新的進攻機會，顯然算是成功。相反的，在第三次進

攻中衝鋒4碼,距離達陣還有5碼,球隊便面臨了只剩第四次進攻機會和棄踢的情況,這樣顯然不算是成功。

因此,我們決定將焦點集中於對「背景環境」的統計(contextual statistics),而非累積的統計上。我們個別評估每一場比賽是否成功,以及有多成功?所以,在我們的評分系統中,同樣在第三次進攻中推進5碼,距離達陣還有4碼的衝鋒,遠比距離達陣還有6碼的衝鋒更有價值。就極端的情況來說,這是相當直接明確的道理,但如果談到首攻和第二次進攻,事情就複雜得多,在首攻和第二次進攻時,球當然可以踢得很好,即使球隊未能創造首攻。因此,真正的挑戰是建立一套衡量標準,根據比賽詳情來評估成功。

為了解答這個問題,我們根據美式足球過去三個賽季每場比賽的詳細報導資訊,來建立一個統計模型。利用這項數據,我們創造了一個名為「期望分值」的系統(這類似柏克用來證明教練應該多嘗試短邊偷襲策略的系統)。這個系統能根據任何比賽開始時的情況,告訴你攻方的得分期望值。例如,攻方在第一次進攻時,距離對方的底線只有1碼,得分的期望值只略低於7分。根據這項數據,此時你很可能會因而得到7分。即使你還沒有這麼做,當時情況的期望分值是將近7分。比方說,你因為阻擋而被

罰後退10碼，現在你第一次進攻，距離得分線10碼，你的期望分值降至5分，因為達陣得分的可能性大幅下降。那次阻擋的判罰讓你的期望分值降低2分。

這套新標準可以指出一場比賽中任何情況的期望分值，因此，我們擁有新標準來衡量個別動作的成敗。針對每一項動作，我們可以衡量該動作對球隊的期望分值改變有多大。如果改變是正面的，動作就算成功，如果改變是負面的，動作顯然就是失敗。

任何數學模型的建立流程都有一個重要部分，那就是「嘲弄測試」（laugh test）：你檢視你的成果，並請業界專家指教。之所以稱為嘲弄測試，是因為你希望他們不要光是嘲笑你的結果，還要提供意見──它代表一種「健全性測試」（sanity test），確定你藉由你的方法走上正確的道路。

沃許教練就是檢驗我們成果的專家。他身為本公司的顧問，從來都不吝於撥冗，而且還同意與我們會面，協助確認模型的有效性。我們準備了簡報，想看看我們得出的統計結果，和他六十多年參與球賽所得到的觀察心得是否一致。

我們和沃許教練在他位於史丹福大學的辦公室見了面。當時我心裡有點焦慮。沃許是位天才和傳奇人物，但

並非統計派人士。我們花了許多時間研擬這個方法，如果沃許提出異議，我們很可能就要重新來過。

我們問沃許教練的第一個問題很簡單：「在您看來，第一次進攻向前推進幾碼才算成功？」

沃許教練想了幾秒鐘後，回答說：「我想是4碼左右。5碼的話就算很好了，4碼也還算行。如果只推進3碼，那就不夠好了。」

「那第二次進攻呢？」我繼續問道。

「這顯然要看離對方的底線還有多遠。不過，通常要在剩餘碼數的一半以上。」

在兩種情況中，沃許多年來的智慧，和我們這幾個月來運用模型計算出來的結果是一致的。當然，他的分析並非只是根據幾秒鐘的推斷，而是源自畢生的體育運動經驗、觀察和數據資料。

我們談論更多研究成果，沃許的直覺和我們的數據導向結果完全一致。很多人會說，他的判斷是本能或直覺式的，但是你可以辨別出，「他在做這些判斷時會回想自己觀察過的數據」。

瑪拉斯擁有和沃許教練類似的經驗，他曾任職於四九人隊，幫助球隊分析「選秀卡」。選秀卡是一項指引，它在每一輪選秀中對每一個選秀位置評分，以便評估如何交

易選秀權。例如，球隊用自己第三輪和第五輪的兩個選秀權，去換另一支球隊第二輪的一個選秀權，是個好點子，他們需要做的就是檢視選秀卡，然後合計分數。大部分球隊使用的選秀卡，是1970年代達拉斯牛仔隊球員人事主管勃蘭特（Gil Brandt）提出的。沃許教練的直覺，與那種選秀卡的邏輯並不一致。

事實上，沃許始終認為四九人隊的選秀卡有問題，因此並未持續遵循那種做法，而且還決定聘用一些專業分析人員，協助以統計方法驗證他的想法是否正確。瑪拉斯和他的團隊花了三個月在這項計畫上，並提出新的選秀卡。

瑪拉斯運用這種新方法來評估沃許過去交易球員的行為，結果很驚訝地發現：沃許的交易，其實是遵循新選秀卡的評分制。他們透過新選秀卡的角度來看沃許的交易，發現他其實在還沒有建立新制之前，就根據這種方式來交易。他透過直覺做出的判斷，換作是使用統計學，要花上幾個月才能得出同樣的結論。

在這兩個例子中，沃許的直覺符合了分析的結論，從許多方面確認了沃許的天賦。他不需要電腦來告訴他：在美式足球中何謂成功？或是選秀的相對價值。同樣的，他不需要試算表列出的數字告訴他「該挑選哪些人」，他就是知道答案是什麼。但是，沃許的決定果真都是單憑直覺

所做的嗎？這些決定是否就如同字典所說的：不依賴任何推論過程？

又或者，這些決定就和布洛赫的直覺是一樣的？簡單來說，這些決定都是以「潛意識推論」為基礎。對於這種推論，布洛赫沒有機會或是覺得沒必要建立模型。在某種程度上，沃許是相信數據導向決策的，不然他絕不會聘用瑪拉斯和他的團隊來確認自己的直覺是否正確。

沃許去世時，他已經在美式足球領域工作了六十餘年。一般人很難相信，這麼一位睿智的教練在決定選秀對象時，會忽略那麼多的資訊。而且人盡皆知，沃許一向對賽事準備工作極為認真，甚至會在賽前草擬出球隊前二十五次進攻的戰術。這樣一來，他就無須在比賽中做出快速、直覺的決定。所以我不準備把沃許教練當作是「直覺式」決策的模範人物。

沃許的天賦讓我不禁懷疑：是不是真的有人不需要數據，而且以直覺做決定會更好？如果是這樣，這些決定究竟來自何方？

♠ 鍛鍊以「數據」為導向的直覺

我對直覺派思考者的尋訪之旅，引領我來到另一個產

業，這個產業因為數據革命而不斷大幅變化，而且裡面的決策通常關乎生死，那就是醫藥業。在這個行業中，數據改革所造成的衝擊，反應好壞不一。它透過數據採擷等技術促成進展，但也產生了爭議性的「實證醫學」。

有關實證醫學的爭論一直相當激烈。從許多方面來看，實證醫學成了很多人討厭統計學的典型代表。許多人誤以為，實證醫學就是純粹透過數字來行醫的方法。有人認為，醫生可以只根據以往臨床研究和統合分析，做出攸關生死的臨床決定，這種想法聽起來很荒唐可笑，但是有些反對實證醫學的人士，就是用那種方式來塑造它的定義。

布魯姆（Michael Blum）博士是心臟病專家，同時也是加州大學舊金山分校醫學院資訊科技部門醫學主任。他對實證醫學的定義是：根據現行指導方針，以及透過科學研究（亦即臨床試驗）產生的數據資料，提供臨床醫療。他解釋說：「實證醫學整合了醫療提供者的臨床判斷，所以它不應該是指導方針的盲目應用，但有時候，政治化的談論會將它描繪成那種樣子。」

布魯姆解釋：「如果指導方針夠強大（亦即做得好，而且結論極為一致的多項試驗），並且適當應用，嚴格遵循實證醫學不一定是問題。但挑戰在於：數據資料往往很

薄弱、相互矛盾，或是極為欠缺，適用於全人口不一定適用於你當時正在治療的個別病患，這也沒有考慮到個別病患的偏好和文化。」

「例如，某位女病患來看我的門診，她患有冠狀動脈疾病，但也有胃灼熱的症狀（並非冠狀動脈疾病造成）。按照冠狀動脈疾病的診療方式，她應該服用阿斯匹靈。然而，服用阿斯匹靈會讓她的胃潰瘍更加惡化。此外，支持使用阿斯匹靈防止冠狀動脈疾病的數據，主要來自於對男病患的研究，而且排除了活動性消化性潰瘍病患或是疑似有此症狀的患者。因此，在這個案例中，『服用阿斯匹靈』的基本做法可能不適用，並且會造成症狀惡化。」在布魯姆所舉的例子中，醫生應該根據判斷，而非只是遵循數據分析結論來進行診療，因為那些數據其實並不適用。

因此，實證醫學或是嚴格遵循數據，很可能會過度簡化情況，就像布洛赫在撲克中運用其基本統計策略時所做的一樣。布魯姆進一步解釋說：「臨床試驗中的納入或排除標準，會產生證據和指導原則，這些標準至關重要，而且在討論過程中經常付之闕如。真正的病患通常不符合簡潔的分類，而且證據是否適用，往往值得商榷。」

這裡的主要問題是：不論研究調查做得有多好（而且就如同布魯姆所說的，多數研究在這個階段還不夠好），

它往往不能夠完全符合特定情況。大部分研究都是針對非常明確的人口來進行，只有當研究人員能夠篩選研究對象，僅挑選出符合那種標準的患者時，才可能得到假設的結果，比方說患者後來成為「極為健康的人」。但是在現實的診療世界裡，醫生沒那麼幸運，通常必須治療不太符合現行研究範圍的患者。在這種情況下，醫生們就要動用自己腦中的資料庫，為特定病患進行最相關的診斷。

如果數據不符合病情，醫生是不是就要依靠自己的直覺做決定呢？布魯姆認為，事情並非如此。「醫生與普通人一樣，也會根據自己的偏好、偏見和經驗來做決定。不幸的是，我們發現：包括醫生在內的大多數人對經驗的依賴，遠遠高於對數據資料的依賴（不論數據資料的可使用性如何）。臨床判斷是個人經驗和數據的有趣結合，讓優良的醫生能夠預測病患病情的嚴重性、風險和途徑——知道要去擔心誰。」

這是現實世界中的數學，在這個世界裡，變數通常多不勝數，而樣本卻少到無法建立起完美的模型。但這並不意味著你應該忽略數據的存在，而是意味著：你一定要努力找出最佳數據資料——可用來做出最佳決策的最相關數據資料。我稱之為「**數據導向的直覺**」，在面臨無法使用純數據導向統計模型的情況時，很多成功人士都會採用這

個流程。世界著名的職業撲克選手、美式足球傳奇教練，以及極有成就的心臟病專家，全都運用這種新型的直覺來引導自己的決定。

然而，問題還是沒有得到完全的解答。有沒有人單憑「直覺」做決定呢？有些決定會不會與「推理程序」無關？

在運動體育場上，不論是美式足球四分衛在攻防線上喊暗號，或是棒球投手決定是否投出曲球，分秒必爭的決策在一場球賽中持續發生，而且必須在很短的時間內做出。做這種決策的時間如此之少，擁有推理程序的機會似乎很低，而憑藉傳統直覺做出決策的可能性似乎很高。

在與兩位職棒大聯盟投手交談之後，我開始有了不同的觀點。布瑞斯洛（Craig Breslow）和普萊斯（David Price）都是大聯盟中成功的左撇子投手，但是他們的相似處僅止於此。在體形上，他們正好相反：布瑞斯洛身高185公分，但不用低頭就可以輕易從183公分高的門框走過；而普萊斯身高200公分，如果他試著走過同一扇門框，可能會把它給毀了。

我會認識布瑞斯洛，是一位我們共同的朋友介紹的，布瑞斯洛當時想要邀請我加入他的慈善機構「三振出局基金會」（Strike 3 Foundation），並想讓我在基金會的年會上擔任主講人，我一口就答應了。他真的是一個獨特而且考

慮周到的人，我喜歡跟這樣的人結交。

布瑞斯洛擁有耶魯大學分子生物物理學和生物化學學位。因為這個學歷，布瑞斯洛被稱為是「棒球界最聰明的人」。然而他的棒球生涯卻一直起起伏伏。在七年的大聯盟生涯裡，布瑞斯洛換過六家不同的球隊。但直到2009年，他才在比恩的奧克蘭運動家隊找到歸屬，擁有傲人的2.60防禦率，同時在聯盟中的上場打擊次數也位居第二。

「我改變自己所做的準備之後，我的職涯就開始轉變，」布瑞斯洛回憶說。「我以前只是認為，自己可以上場投出曲球或是快速球，然後將對手封殺出局。但我到明尼蘇達州時，同是左撇子的雷耶斯（Dennis Reyes）把我拉到一旁，讓我知道他是如何做準備的。」

「我開始使用一個叫做BATS的電腦程式，這個程式讓我看到，『將要面對的打擊者過去的打數』。你可以選擇你想要檢視的特定打數類型。我會觀看這些打擊者在面對像我這種左撇子投手時的打數，以及他們採取的策略。打擊者上場擊球時，他的策略如何改變？投哪種球可以成功對付他們？哪種球辦不到？」

「此外，在比賽開始前，球隊都會召開投手會議，教練和球探會拿出敵隊的具體數據，讓我們了解：每位打擊手在面對不同類型的投手、甚至不同類型的球時，表現有

何不同。」布瑞斯洛繼續說道。

「從這項數據，我能夠提出針對每位打擊者的投球方法。」布瑞斯洛描述的，正是針對選擇投球方式的數據導向流程。藉由從球探和視訊數據中收集資訊，他找到了克敵制勝的方法。

等布瑞斯洛解釋完之後，我問他：「你一直都有按照數據所說的去做嗎？」

「老實說，我說的可能不是你想要聽到的。即便從數據來看，某位打擊者善於打曲球，但如果在賽場上，我感覺自己可以用曲球把他封殺出局，我還是會堅持我的選擇。」布瑞斯洛回答。

「有意思。這種決定，背後有推理過程嗎？」我一邊問，一邊心想，我終於找到一個純粹直覺型的思考者了。

「背後確實是有強大的推理過程。如果我近期成功地用曲球把打擊者封殺出局，我就會相信較小的樣本，因為我認為，比起從視訊上或教練提供的數據裡看到的其他選手的曲球，我的曲球並不一樣。」

事實上，布瑞斯洛還是忽略了他認為對於特定情況不夠充分明確的數據，轉而選擇用更為相關的數據，也就是用「個人經驗」作為決策的依據。

「當我還在聖地牙哥教士隊時，霍夫曼（Trevor

Hoffman）都不太參加投手會議，」布瑞斯洛說道。「霍夫曼是未來可望進入名人堂的投手，在救援成功次數上一直獨占鰲頭，他主要靠一種球展開職涯——一種非常容易把打者騙倒的變速球。」

「霍夫曼這麼說，『這種投手會議哪有什麼可以讓我學到的？就算數據告訴我，不能在面對拉米瑞茲（Manny Ramirez）的時候投變速球，因為數字是這麼說的，但我還是會投下去。一是因為我別無選擇，二是因為我的變速球無人能及。』」

基本上，霍夫曼表達了和布瑞斯洛相同的看法，他們都不會因為其他投手的成功率高低而改變自己的方法，而是偏好仰賴更相關的個人數據，就如同醫生會決定：他們的病患並不符合最新研究／指導方針的標準。

這種「數據不適用於我」的想法，可能是非常危險的觀點，因為它會讓人們有辦法避免使用數據來做決策。但是以布瑞斯洛和霍夫曼的情況來說，他們並不是完全忽略數據，而是採用了「自認為更相關」的數據。

因此，布瑞斯洛顯然認同運用數據進行決策，而不是典型仰賴直覺進行判斷的人。但是與他正好相反的普萊斯，因為體能技巧游刃有餘，而可能不需要像他一樣仰賴數據技巧，那又怎麼說呢？

布瑞斯洛當年是由密爾瓦基釀酒人隊在第二十六輪選透中選中，普萊斯則是在第一輪被相中。不對，普萊斯不只是在第一輪就雀屏中選，而且還是那一屆的選秀狀元。那項差異讓人對天分上的重大差距產生誤解。當然，普萊斯和他百發百中的投球天賦，讓他可以不用操心是否該利用數據做決策。

但是和普萊斯談話時，我才驚覺，我和他的交談內容，與我和布瑞斯洛的交談內容極為相似。普萊斯也跟我說起投手的賽前會議、球探的報告，以及他面對的一系列數據分析。他也說自己看過無數場比賽錄影，研究打擊手握球棒的方法和站姿。他還提到，他曾求教於一些投手，這些人最近才剛和他即將迎戰的球隊交手過，他想從他們那裡收集資訊，以了解該如何讓打者無功而退。他一邊說起某一次運用數據導向策略的輝煌時刻，一邊笑起來。

普萊斯知道我是紅襪隊的球迷，對於有機會在他光輝的時刻嘲弄我感到高興，他表示：「我得說說，我對德魯擲出的快速球，」意指他剛到坦帕灣光芒隊擔任菜鳥投手時，將紅襪隊的右外野手德魯（J. D. Drew）三振出局，終結了紅襪隊打季後賽的希望（在同一個賽季，我們的智者席佛預測，他們會贏得八十八場球賽）。

「我所聽到的一切都告訴我，那一記球，德魯無法打

中，」普萊斯做結論說。他說的「一切」，指的是球探報告、視訊影片、其他投手的話——以及數據。

當我聽他回想這段往事時，我不確定自己是否真的相信他。普萊斯稱得上是偶像級的球星，他投的球快又猛，以致於打者即便知道球的路線，也很少能成功擊球。他擁有威爾許那樣的男子氣概，而且會用直覺來進行判斷。

「那麼你是否曾經毫無理由想要投出一球，只因為那是你想要投的球，也是你認為應該投的球？」我這麼問道，希望促使他承認有典型的直覺存在。

「沒有。我投的每一顆球都是有道理的。我在投球之前就已經預想到投球方式，並且在球脫手而出之前想像投球成功。」普萊斯明確地回答。

就連這樣神氣活現、才華橫溢的普萊斯，都避開了傳統的直覺，轉而採取甚至比布瑞斯洛的方法更慎重的策略。因此，我的尋求落空，沒能找到真正只運用直覺做決策的成功人士。這一點令人安慰，但我還在尋找直覺的蹤跡。

我的這番努力，是要向眾人展示直覺的新定義。與其將直覺定義為「未經任何推理過程，對真相、事實等的理解」，不如稱它為「**在尚無明確推理過程之下，對真相和事實的理解**」。沒有任何成功者能夠在未經推理之下真正

做出決定，他們可能不想要花時間解釋那種推理過程，或是沒有充分的資訊來記錄推理過程，但是我探討的所有個案中，有一點很清楚：**瘋狂行為的背後，存在著理性的分析方法。**

已經有相當多的研究探討了關於專家直覺的預測價值，對那些傾向於相信專家直覺的人而言，結果應該有些令人困擾。加州大學柏克萊分校經濟學家泰洛克（Philip Tetlock）在他所寫的《專家的政治判斷》（*Expert Political Judgment*）一書中表示，專家其實不像一般人想的那麼擅長預測。他斷定：專家往往善於闡述自己的觀點，而且極為恰當地加以呈現，但其價值通常在於決策的表面，如果進行客觀評估，這些觀點通常不夠理想，原因常常是過度自信，沒有檢視手邊的實際個案，也就是忽略數據，轉而更加仰賴基本經驗而非周詳的檢查。

這其實就是心得重點：**每一個良好的決定，背後都有一些數據資料支持，而且已對手邊特定個案做過徹底檢視。** 它可能不是試算表內列出的數據，或是由電腦進行的分析，但它比較像是科學而非藝術。

21點提供了我關於數據導向決策的獨特看法，那種看法只檢視具體數字會告訴你的事情。但有時候，數字也並不是那麼容易取得或是應用，在這種情況下，你需要用

更少的數據、更精簡的架構來進行決策。

　　我認為，這項針對直覺的新定義，應該不致於把最堅定的數字大師嚇到。要建立一個比較像是21點而非撲克的世界，直覺的定義是一個重要部分。我們應該努力做出像21點一樣的決定，因為那種決定往往是正確多於錯誤，就像它們在牌桌上為我們所做的一樣。但同樣的，這種把握也不是隨時都能有。

　　當人們做出自認為是直覺式的決定時，他們其實有運用數據分析。此舉將能幫人們理解，運用數據分析的真正價值。試想一下：當醫生在為患者看診時，如果我們能提供100個符合其患者症狀的受試者臨床研究數據；或是當沃許教練做決定時，提供他一份試算表，上面列出他從事教練以來所做的每一項決定；或是當布洛赫面對某位玩家時，將他曾經坐過的每一張賭桌和對陣過的每一位對手的完整記錄拿給他；或是拿給普萊斯一份模擬數據，上面列出德魯面對他的快速球時會採取的應對方式，情況會如何呢？他們應該全都會接受這項數據，並且用這項數據做出更好的決定。

　　最後，縱觀那些在體育、博彩及商業等產業界獲得成功的人，數據資料都是他們決策流程的核心。**當你在商場上面臨困難抉擇時，要記得這項一致性，並且用它來鼓勵**

自己避開傳統的直覺，改採現代數據導向的直覺，納入任何可用的數據來制定決策。這些數據可能並非總是整合到一個良好的統計模型中，但是努力創造出近似21點的環境，能讓你更常做出正確的決定。

其實，我們並沒有輸給賭場

「我們應該偏好創新和自由，而非偏好規範。」
—— 美國政治　家喬治・艾倫（George Allen）

人們經常會問我：（你們的）結局究竟怎麼樣了？

是不是就跟電影演的一樣？你們最後真的敗給賭場了？你們有保住錢嗎？你們的教授真的把錢偷走了嗎？為什麼賭場不乾脆禁止算牌？為什麼你們會退出？你們現在還在用當初制定的策略嗎？

不，我們沒有輸給賭場！對，我們有保住錢。還有，我們的教授並沒有偷走任何東西。

至於為何賭場不禁止算牌？這得探討一下人類心理。21點在1930年代進入賭場，但直到索普先生讓世人知道這種遊戲是可以擊敗的，它才開始受歡迎。它受到歡迎，是因為人們誤以為自己可以戰勝賭場。玩家們是不是真的可以贏錢並不重要，單是「可以戰勝賭場」這種想法，就

足以讓人們放手一搏。

賭場總是會用各種招數讓人們相信自己會贏，或者讓人們相信賭場提供的最佳賭注很公平。還記得那個輪盤專家布萊恩嗎？他就是深受輪盤上面的「神奇」燈光和歷史記錄板之害，而成為賭場花招的犧牲者。

可憐的布萊恩，他那個週末所經歷的陷阱還不只如此。經過輪盤的慘敗之後，布萊恩決定跟著我去21點牌桌，想把輸的錢全贏回來。

我們一起坐上滾石賭場的牌桌，開始玩牌。沒過多久，算牌點數開始增加，他的賭注也開始對應地增大。用自己血汗錢玩牌的布萊恩，決定在左右手兩副牌上都下500美元的注。由於餘下的牌不足兩副，而且算牌的結果還是9，按照他整體資金來看，他比賭場多出大約2%的優勢，值得下注。我衝著他點了點頭，莊家開始發牌。布萊恩手氣不錯，一手拿到了20點，一手拿到了一張黑傑克。桌上的其他三名玩家分別拿到了一張黑傑克和兩張19點的牌。但問題是：莊家有一張明牌A。

在那一局中，算牌結果降了9點，因為牌面上有九張高牌、兩張中性牌，零張低牌。這麼一來，算牌結果恢復為0，意味著它屬於標準的組成方式，跟一盒牌最開始的時候一樣。

莊家看著布萊恩，問他是否要選擇「同額賭注」*。布萊恩正要點頭，但我立即插了一句：「等一下，他不要同額賭注。」

　　布萊恩回頭瞪了我一眼。「我有500美元和黑傑克，他拿著一張A，我當然得要同額賭注了。」

　　「等一下，」我一邊說，一邊希望可以阻止莊家清掉他的牌並且給他同額賭注。「布萊恩，如果他真有黑傑克，那我來承擔這500美元的損失。如果他沒有，你就把原本會輸掉的250美元給我。」

　　布萊恩很不情願地接受我的建議。接著，莊家開始問桌上的其他玩家要不要買保險。所謂的「保險」，就是當莊家的明牌是一張A的時候，賭場提供的賭注。所有的人都可以下注賭莊家的牌是黑傑克，賭注是二賠一，換句話說，如果你賭莊家在他的A底下有10、J、Q、K，你下注100美元買保險，而且莊家真的拿到了黑傑克，你就可以獲得200美元。反之，你就會輸掉你的100美元。

　　問題是，就像賭場裡的每一種其他賭注一樣，這種賭

＊ 同額賭注（Even Money），意指當賭客拿黑傑克而莊家拿A時，莊家會問賭客是否接受「Even Money」，也就是莊家不看底牌是否是10點而直接賠給閒家一倍（若莊家不是21點應賠一倍半），賭客接受莊家賠錢；若賭客不接受，莊家即看牌，若是21點則平手，非21點則賠賭客一倍半。

法並不公平。簡單計算一下，每副牌裡總共有四張10點牌（10、J、Q、K），九張非10點牌（A、2、3、4、5、6、7、8、9）。因此，拿到10點牌的賠率其實是9比4，意思是你每下注100美元，其實應該贏得100美元的9/4倍，也就是225美元。

大多數人都知道「保險」不划算，並不會選擇買保險，也就是說，人們要拿到一手好牌，才會認為值得買保險。當然，這種說法很愚蠢，因為壞的選擇怎麼也不會讓結果變好，這跟你手上的牌好壞毫無關係。21點的保險，不像你決定為漂亮新居買保險，並且在遇到災害的情況下做出公平交易。這種交易毫無公平可言。

幸運的是，布萊恩很清楚保險的價值，因此回絕了莊家。他告訴莊家：他用一手20點和一手黑傑克的牌來賭就夠了。尤其他還喃喃自語地說：「我都有傑夫這樣的私人保險了，還擔心什麼。」

莊家翻開了底牌，是一張7，這樣一來，她的總點數就是18。桌上的人們都贏了錢。布萊恩把約定好的250美元拿給我，笑著問道：「你怎麼知道她拿的不是21點？」

「我不知道。」我笑著一邊回答，一邊把他的250美元還給他。

我當然不知道莊家沒有21點，但我會算概率。所謂

的「同額賭注」，不過就是莊家將保險包裝一下，再拿出來唬人的招數。基本上，賭場就是替布萊恩將多出來的250美元用來押注，卻沒讓他知道。換句話說，這是讓布萊恩用250美元買一紙保險。如果莊家拿到黑傑克，就得把從布萊恩那裡贏來的500美元如數退還，因為布萊恩的黑傑克與莊家的黑傑克平手。此外，布萊恩會在他的二賠一保險賭注上贏得500美元，如果莊家沒拿到黑傑克，布萊恩就會失去250美元的保險賭注，但會因為拿到黑傑克而在原始賭注500美元上贏得750美元，所以在兩種情況中，他贏得的金額會是500美元。

但是，賭場偷偷做了手腳的部分是「定位」。莊家把賭注標示為「同額賭注」。看到莊家的明牌是Ａ，誰不想接受同額賭注呢？這是最極致的趨避風險。布萊恩早已將那麼好的一手牌視為贏家，如果最後平手，那手牌感覺上會像損失一樣。為了避免那種損失，不論要他做什麼，他都覺得很值得。

我有一位前隊友常這麼說：「拉斯維加斯是為了那些數學很差的人而存在。」如果你檢視凱利公式中的內在邏輯，就會驚覺事實確是如此。根據凱利公式，如果你不確定自己具有優勢，就不應該下注。賭場總是利用人們不完整或錯誤的推理來賺錢，而我們可以回敬他們，讓他們搬

起石頭砸自己的腳，這樣我們就可以贏錢。

賭場總是占優勢，當他們建立商業模式時，他們知道：時間對他們有利。客人賭得愈多次、時間愈長，輸掉的錢就會愈多。對賭場來說，判斷某張賭桌每小時的預期盈利相當容易，你只需要知道這個檯面的兩件事：檯面每小時下注的總金額，以及該遊戲的平均莊家優勢。後者比較容易估計，先考慮內在的賭場優勢，然後針對一項事實加進一些補充，而這項事實就是：沒有玩家會玩到無懈可擊——你可以很容易建立一位普通玩家的策略模型，並且提出良好的莊家優勢預估。以21點為例，我們都知道：根據牌桌規定，莊家的內在優勢是0.5％。然而能做到這一點的人少之又少。因此，賭場內在的優勢可能在3％左右。

賭場建立盈利預測模型時，第二項輸入的數據就是每小時下注的金額。賭場會對賭桌上每個玩家的下注金額進行記錄，並得出一個「每手牌平均下注金額」。賭場的員工也會觀察並且記錄客人們的投注情況。這項資訊對他們來說非常重要。

首先，賭場都有自己的顧客忠誠度及獎勵計畫，他們會對頂級顧客提供免費的客房、餐飲或是贈品。這些計畫都是根據賭場期望從那種顧客身上贏多少錢來決定，在極

端的情況中，這些計畫的花費來源，其實就是顧客「輸給賭場的錢」。賭場把你輸的一部分錢還給你，讓你開心，同時讓你願意再次光臨，你可以把它視為賭客得到的退款。

也就是說，賭場了解每個賭客的習慣，以及每一手牌的下注金額。如果要計算每小時的下注金額，只需要知道他們一小時內能夠應付的局數。這項資訊用在線性關係上，也就是「平均每局的下注金額」乘以「每小時進行的局數」，就能得出每小時的下注總金額。因此，一小時內進行的局數愈多，每小時的檯面賭注總金額就愈高──這是相當簡單明瞭的道理。

如果牌局因故停擺，也就是沒法發牌，對賭場的收益會有重大影響。只要骰子停搖、輪盤停轉，或是撲克牌停發，賭場就會少賺錢。所以賭場總是在想辦法盡量減少停擺的情況。

在自動洗牌機問世以前，21點經常會出現停頓的情況。每到牌快發完的時候，莊家都需要停下來洗牌。如果只有一、兩副牌，洗牌的工作還比較簡單，對莊家來說，最重要的事情是確保自己混合了所有的牌，使牌平均分布。但如果用到六副或八副牌，要洗好牌就更難了。

你可以暫時放下本書，自己試試看。拿六副牌，看看

要花多久時間才能把它們洗均勻。五分鐘？十分鐘？還是更久？

當然，你不是專業莊家，沒辦法快速洗牌是正常的，不過在面對這麼一大堆牌的時候，即便是專業的莊家，想要充分洗牌，也需要花好幾分鐘。因此，賭場面臨了一個兩難困境——充分洗好六副牌，會讓賭場虧錢。

那麼賭場採取了哪些因應措施呢？大多數賭場了解到，在21點遊戲中，徹底洗牌會浪費成本，陷入需要花四到五分鐘的複雜流程中。有些賭場決定，減少停擺時間並且充分提高收入最重要，他們讓莊家學會極為簡單的洗牌方法，以爭取時間。

這種簡單的洗牌方法也有問題——沒辦法把牌洗均勻。事實上，如果你緊盯著莊家洗牌，你可以追蹤幾副牌，並且判斷出那些牌最後會出現在下一盒牌中的哪裡。你可以可靠地判斷大約三十九張牌（3/4副牌）在下一盒牌中的位置。尤其，洗牌會將這三十九張牌隨機分布到下一盒牌的七十八張牌（一副半的牌）中。

這種偷懶的做法是一大錯誤，因為如果算牌者知道牌的分布，就能夠使概率對自己更加有利。比方說，你注意到前三十九張牌（3/4副牌）裡有許多10點的牌和A，如果你正在算牌，你可能知道：前3/4副牌裡，高牌（10、J、

Q、K、A）要比低牌（2、3、4、5、6）多十張。

假設你在某家偷懶的賭場玩牌，由於他們洗牌洗得很簡單，你能夠追蹤這副牌在下一盒牌中的分布。所以，你看到這3/4副牌最後加入到一副半牌。在接下來一盒牌中，當莊家拿起那一副半的牌，你會判斷出其中有很多10點牌、人臉牌和A，而且在那一副半的牌中，你會下更多賭注，而且會贏更多。

這項策略叫做「洗牌跟蹤法」（shuffle tracking），我們曾在算牌實戰中將它修改到符合理想的程度。90年代中期，里奧、米高梅和熱帶天堂三家賭場推出簡單且更快速的洗牌方法，結果很快就受到算牌者滲透，這三家賭場最終都放棄了這種簡單的洗牌方法，改用更複雜耗時的方式，也等於是承認了他們的錯誤。

這三家賭場當初都是見樹不見林，才造成誤判。在某些方面，你可以說，這些賭場的決定，都是透過分析和數據得出的，他們建立且充分改進其商業模式，以提高營收。問題是，他們的觀點具有局限性。

這種情況在商業界很常見，連那些專注於分析的公司，都會出現眼界狹窄並且忽略明顯線索的情況。從事網路廣告業已經十五年的丹尼斯・于（Dennis Yu），在出社會時就經歷過類似的問題。當時他負責架設美國航空公司

的網站，想運用分析來了解顧客行為，試著將該公司的廣告支出最佳化。他發現：有極多機票都是在晚間賣出，白天的購票量很少。

所以他做出一項自認為非常理性的數據導向決定：刪除所有的日間廣告支出，轉而將所有資源投入晚間時段，也就是大多數顧客購買機票的時段。這項決定看似相當合理，但後來他發現：公司網站的訪客人數大幅減少，使得公司營收也大幅下降。

他很快就扭轉決定，將廣告經費重新撥到日間廣告上。經過與更多顧客訪談，他發現機票的銷售週期不只是發生在夜間。購票者通常都在白天上班時比較機票價格、安排行程，直到晚上回家，才有機會跟家人說已經買到機票。所以在消費者白天的規畫階段，讓他們能夠持續看到美國航空的廣告，甚至比在晚間交易階段保持曝光率還重要，一旦丹尼斯了解整個流程，所有事情都解釋得通了。

事過境遷後，丹尼斯現在可以笑談此事。他有一天在早餐時對我說：「數據資料使我做錯事，因為我以錯誤的方式解讀，沒有檢視整個情況。」

跟丹尼斯的錯誤類似，里奧、米高梅和熱帶天堂這三家賭場沒有深入了解消費者行為的情況，對自己的業務採取狹隘的觀點。但比起波多黎各的萬豪酒店賭場（Marriott

Casino）犯的錯誤，那可真是小巫見大巫。當然，他們犯下重大錯誤時，麻省理工學院的21點小組成員就在那裡準備大賺一票。

波多黎各絕不是算牌者常去的地方，那裡的賭場刻意設下不利的規則，讓算牌者懶得千里迢迢從美洲大陸跑去那裡賭錢。而萬豪正好就採取這種策略，他們的21點規則很差勁，只允許玩家在拿到9、10和11點的時候雙倍下注，而且每局只能分一次牌。

但是些微的意外發現，促使阿龐特（Mike Aponte）和同伴們來到這座島嶼。阿龐特曾經是我21點的啟蒙老師，也是我當時最好的朋友之一，在招募我加入之前，就已經在小組裡打了好幾年。他的技術非常好，我們的小組解散後，他繼續在第一屆全球21點聯賽（World Series of Blackjack）中獲勝。

阿龐特的21點生涯，最早是從快活大賭場和大西洋城賭場開始的。在那裡，他和一個名叫約翰的賭場服務專員建立了交情。服務專員扮演的角色，正是字面上的意思，也就是專門服務賭場裡的客人。當一擲千金的賭徒開始在一家新賭場賭錢時，賭場就會分配一名服務專員給他，這位專員會滿足顧客的每一項需求，代為預訂房間和豪華轎車、取得所有頂級餐廳的訂位，有時甚至會代為預

訂機位，總之你需要什麼，他們都會幫你搞定。

約翰是阿龐特的賭場服務專員，他們很快就變成朋友，所以當約翰去波多黎各的萬豪賭場工作時，他邀請阿龐特前去（當然是包辦阿龐特所有的費用）看看他的新居。本身有一半波多黎各血統的阿龐特趁此機會，帶著幾個隊員前往波多黎各。

當他到賭場的時候，發現這一趟還真是來對了。

當時，萬豪對玩家的限制很嚴，成功地讓算牌者望而卻步。但這並不意味著這裡的21點遊戲無法打敗。事實上，這裡的規則有很大的漏洞。

大多數賭場的一盒牌裡裝有六副牌，洗牌後，莊家要一位玩家把一張「切牌」（cut card）放進一副牌的某處，整副牌就在那張牌的位置被「切」了。一般來說，莊家會用一張黃色的卡片擋住最後底牌，防止玩家看到牌面。但是，萬豪賭場並沒有這麼做，在萬豪玩牌的玩家都能看到底牌。

如果玩家可以看到底牌，就有機會用「切牌」戰術贏過賭場。大多數賭場都會規定玩家至少切一副牌（要將那張切牌放到距離牌堆的頂牌和底牌至少一副牌的位置），關鍵技巧是：要能夠將切牌放到剛好第五十二張牌的位置上。如果玩家這麼做，而且能夠看到底牌，他們就會知道

下一盒牌的第五十二張是什麼牌。

如果那張牌是10或A，知道那張牌是什麼牌就可能非常重要。如果知道自己將會拿到一張A，那麼這一局的預期值就是你賭注金額的一倍半，也就是說，如果你押100美元，你可以預期贏得50美元。

10對玩家來說也是價值很高的牌。事實上，玩家手上拿到一張10，對賭場的優勢將高達14％。其他牌也能用來改變對一局牌的期望。麥克回憶說，有一次他在19點的情況下選擇繼續要牌，因為他從切牌中知道下面是張2──這種情況可以使你的期望提高超過100％。

顯然，有很多必要的策略可以確保自己拿到10或A，而切牌只適用於在牌桌上控制所有的點時，不過，完美執行切牌是一項相當有利可圖的技巧。

但是「切牌」有一些實際問題。例如，這種機會每一盒牌只出現一次，以包含六副牌的一盒牌來說，這表示大約每十五分鐘有一次機會；第二個問題是：在嘗試準確地切到第五十二張牌的位置時，失誤的機率很高。如果不成功，代價可能會相當大。

而萬豪賭場同時化解了這兩個問題。與其他賭場不同，它允許玩家切牌的時候選擇任意位置。事實上，麥克和他的隊友們獲准將牌切到第十三張的位置，這比切到第

五十二張牌簡單多了。同時，萬豪為了提防傳統的算牌者，所以盡量用很多副牌，而且要求莊家多洗幾次。他們以為這樣可以減少算牌者的優勢，但實際上他們是縱虎歸山。

一般賭場會把牌盒裡的六副牌一路玩到四副半到五副牌，剩下一副多就不用了，而萬豪卻會在牌盒中還剩不到四副或不到三副牌時選擇換牌。這樣使得他們洗牌的次數增加了將近50％，玩家透過切牌獲得優勢的機會也就多了50％。

「我覺得他們的『反制措施』其實使我們的預期勝算增為三倍。」阿龐特告訴我。

讓情勢更有利的是，賭場不僅沒有掩蓋底牌，他們的莊家也相當草率，將牌放進牌盒後常常會露出最後的兩、三張牌。因此，阿龐特和他的隊友們就能清楚知道每一盒牌開始的幾張牌是什麼。

阿龐特想起賭場這一系列失誤所造成的後果，不禁笑了起來。「大多數人一想到算牌，都以為是施展某種魔法，能知道牌會怎麼來，」他說道。「但大多數情況下，那是相當平凡的過程。」

「但是在波多黎各，我得做一些瘋狂的事情，讓我看起來像魔術師，」麥克繼續說道。「我在19點的時候還選

擇拿牌，因為我知道下一張牌就是2。還有一次，我拆了一對3，然後在第一張3時停牌，因為我需要替莊家保留一些牌，這樣我就可以用一張10把莊家爆掉。我到現在都還不確定，如果他們知道我記牌，他們會不會讓我玩。」

「有趣的是，那時運氣好到要輸都難。我們不但有好策略，還有運氣助陣，所以連戰連勝。」麥克說道。

最後，萬豪不想再輸給阿龐特一夥人，而且就像任何希望充分擴大獲利的賭場一樣決定停損，禁止阿龐特和他的隊友玩21點。但是為時已晚，損失已經造成。

賭場就像許多其他行業一樣，在採取行動時，也會因為考量不夠周全，而犯下錯誤。這種情況通常是由於對大局缺乏了解和考慮，便驟然做出改變。

對於經常顧此失彼的金融監管人員來說，這個21點的故事可能具有警世意味。

2008年，美國證券交易委員會（SEC）試圖禁止投資人放空799檔金融類股票，以穩定金融市場。「放空」是指在沒有持股的情況下賣出股票的行為，其背後的技巧是：放空者實際上從持股者那裡借來股票，然後按照市價賣出。之後，放空者需要從市場上買回股票，還給當初借他股票的人。放空者基本上是看跌股票，想要從中獲得利差。

放空者一向是市場的爭議點，他們就跟在雙骰子賭桌上玩「不過線投注」（Don't Pass）的人一樣。（在雙骰子賭桌上，有兩種基本賭法可供選擇。最常見的是「過線投注」，亦即賭擲骰子的人贏；第二種是「不過線投注」，亦即賭擲骰子的人輸。即使「不過線投注」的勝率略高，很少人會玩，這其中有心理因素存在，但卻足以說明：既然有這麼多人玩「過線投注」，那麼玩「不過線投注」的人似乎是賭莊家贏。因此，選擇「不過線投注」的玩家，在牌桌上往往會受到白眼相待。這種人的做法與大多數人相反，常會被認為是不正當、不道德的人。但其實看跌的人在任何市場上都是一個重要部分，因為他們幫忙找出那些被高估的股票，建立了真實的「價格發現」（price discovery）。

　　如果只有持股者才可以出售股票，市場根據一切現有資訊正確制定資產價格的能力，就會受到大幅限制。而且，趨避損失的心得會告訴我們：持股者拒絕在虧損的時候賣出股票。這麼一來，股價又因為人為因素而獲得支撐。

　　2008年當局禁止放空，試圖「打擊那些危及投資人和資本市場的市場操縱」。為了避免人為操縱，監管人員決定實施放空禁令，排除了許多人認為是市場基本運作的做法，但這本質上也是在操縱市場。

只不過三週之後，SEC又解除了禁令，因為禁令不但沒有對市場產生預期的影響，反而造成許多人虧損更多。軒尼詩（Hennessee）集團調查高達2兆美元的避險基金績效，結果發現：該產業僅僅9月份就蒙受5％到9％的損失；大部分的損失歸因於放空禁令。此外，專家們確信，禁令排除了重要的市場參與者，使流動性降低，因而進一步壓低了股價。

SEC犯此錯誤，是迫於社會的龐大壓力，不得不「採取某項行動」。然而，他們並沒有考慮到本身決策的「潛在衝擊」。此外，SEC的激勵措施不一致，他們是需要證明本身存在價值的政治組織，「無為而治」並不算是一項選擇。

我們的專職經濟研究員馬伊曼解釋說，每頒布一條法規，「只要有人被豁免，而且是永遠被豁免，可以從事法規套利的人所能得到的利差將會更大。擁有人脈或是找到法律漏洞的人，一路上都會有利可圖，法律和法規只會幫你減少競爭。」

馬伊曼顯然像許多其他經濟學家一樣，提倡「自由市場」。在21點的世界中，「自由市場」的觀念正是我夢寐以求的，因為賭場對我們加諸的規定和限制，最後會造成我們死亡。簡單來說，他們最後知道我們是誰，以及正在

做什麼，然後就設立了限制來阻止我們。

　　但是整體來看，「賭場做了哪些事來擺脫我們」是個有趣的問題。我一直認為，算牌者對於賭場來說是有益的。如同前文所言，「算牌者讓大家知道有可能擊敗 21 點後，這項遊戲才開始受歡迎」。然而，到底有多少人真的擁有擊敗它所需要的智慧、紀律和承諾呢？

　　暫且不論智慧的問題，因為我曾經說過，要擊敗 21 點，不一定要是個自閉學者。但是「紀律」的問題就不能不說了。所謂的「紀律」，是指要克服像趨避損失和忽略偏誤等事情，你必須避免任何類型的確認偏誤，真正信任數據資料。你要容忍變異，還要有足夠的資本有效控管風險。除此之外，你需要多加練習。這並不是一朝一夕的事情，不是到賭城之前在飛機上練習就好，而是要持續每天數個小時的練習。

　　這其中也存在著決心與承諾。我們所採取的算牌方法，其實是一份苦差事。如同之前提到的，想要贏牌，需要大量的決心與承諾。想想看，普通賭客到賭場就是要玩樂，要盡情喝免費飲料，跟漂亮的女服務生搭訕，不管怎樣，賭客就是玩得開心。

　　對我們來說，玩牌的時候絕對不喝酒，上場前一定要睡飽。無論是出差前、出差後、或是出差期間，我們每天

都會練習數小時。我們是業界佼佼者。

簡單來說，能真正擊敗賭場的算牌者寥寥無幾，我估計，進賭場的人當中，只有不到1％的人能贏。賭場實施的限制，可能只適用於不到1％的顧客，但卻可能讓賭場從其餘99％的顧客身上少賺更多錢，這樣合理嗎？

改變洗牌方法的賭場，真的該在乎區區幾個可以看出洗牌漏洞的算牌者嗎？如果算牌者人數是1％，我估計，會利用莊家洗牌漏洞的人大約只有0.1％，賭場很容易就能針對那項決定建立損益模型。

為了避開算牌者，賭場決定改掉較快且易於追蹤的洗牌方式，回歸較花時間而且更完整的洗牌方式。賭場鎖定這0.1％的算牌者，因而避免大約2％的損失，但是對於其餘99.9％的人，賭場其實已經損失了利潤，因為洗牌時間加長，他們無法應付這麼多的牌局。這顯然是相當簡單的答案，但賭場無法客觀看待這個問題，因為他們太過急切想要防堵我們這些邪惡的算牌者。

這樣的分析，也適用於賭場的一些限制措施。例如，有些賭場規定，玩家只能在換新牌時加入牌局，以免這些人在牌局中間加入，玩家得等到莊家洗完牌後才能上桌。

賭場立下這個規矩，是直接衝著我們小組的玩牌策略而來。如果你不能在牌局中間加入，就無法以團隊方式來

運作。但如果你讓每位顧客等待，如同賭場所做的一樣，你就是迫使平均每局會以5％的速度輸錢給你的玩家，坐在賭桌旁邊枯等，而且最多只能玩個十到二十局。就以單人單局平均的下注金額50美元，以及玩家的平均虧損率5％來計算，玩家每少坐下一次，賭場就損失了40美元的收入。如果再乘以99，就將近4,000美元。就算我們每局下注1,000美元（我們最常見的下注金額），我們需要玩超過一百局才能抵消這部分金額。這還不包括賭場為了阻止我們入內而耗費的人力物力。

我想問的是：「禁止算牌者入內真的划算嗎？」明眼人應該都明白，答案當然是否定的。

然而，賭場還是堅持跟我們玩貓捉老鼠的遊戲。我覺得其中的情緒因素居多。賭場不想讓人覺得我們擊敗了他們，這使得他們採取不理性的行動。

自從《贏遍賭城》一書和《決勝21點》電影問世之後，有很多人來找我，他們自稱是「算牌者」，而且曾被賭場驅逐過。但是經過進一步檢視，我發現：要是我是賭場人員，我會覺得其中根本沒有多少人會對賭場構成威脅。很多人自認為會算牌，但隨便問幾個問題考驗他們的能力，經常能把他們考倒。賭場竟然會禁止這些人入內，讓我覺得不可思議。這有點像信用卡公司和他們過分謹慎的態

度，兩者唯一的差別是：信用卡公司只是多打幾個電話向優良持卡人確認，而賭場禁止算牌員入內，付出的成本相對就高得多了。

最後一點是：算牌者對賭場有好處，因為我們是良好的行銷工具。我們會談論去過哪些賭場，而且會在留言板和網站上貼文。人們看到我們贏了大錢，會覺得自己也可以如法炮製。當我離開《決勝21點》電影首映會時，好萊塢星球賭場的樓層擠滿了想成為算牌員的玩家，我猜那晚賭場一定賺翻了。

在這項為算牌者玩牌權利請命的強烈要求中，存在著一個相當簡單的商業心得。在對政策或是規則做出任何改變之前，要確定知道自己在做什麼。為了改變而改變，絕不會讓事情改善，改變會引發連鎖反應，結果可能會使原先的問題雪上加霜。

要真正避免這種問題，唯一的方法是整體檢視你的情況。政策有所改變時，分析當然有助於預測後續情況。如果賭場可以整體觀察情勢，也許我們現在還在玩牌，而他們也在21點遊戲上賺到更多錢。

所以，我們為何金盆洗手呢？答案很簡單：我們是被賭場逼的。要是我們繼續玩下去，根本賺不了錢，賭場告訴我們不准玩牌，還將我們驅逐，或是乾脆設下讓我們毫

無優勢的限制措施。

　　至於最後一個問題：玩家還能算牌嗎？

　　《贏遍賭城》中馬丁內斯這個角色的靈感來源——羅裴茲（Manlio Lopez）曾對我說：「只要21點是可以擊敗的，就會有人不斷嘗試要擊敗它。」我之前就解釋過，21點永遠是有勝算的，這也正是它受歡迎的原因。所以各位還是可以飛到賭城，試著創造出你未來的財富，但是比較好的賭注是：運用本書裡的心得，在你從事的行業中獲得成功。

「莊家優勢」救了我母親一命

　　我初次撰寫本書時,其實並不確定自己想寫什麼。我知道自己不想寫算牌手冊,也不想寫一本在前20頁就說完大部分相關知識,讓讀者沒什麼理由繼續讀下去的一般商業書籍。我想要寫的,是擁有真正有收藏價值,又能接觸到主流讀者的書籍。

　　當我寫完書時,我把它描述為透過博奕和體育運動故事述說的商業分析心得──讓原本從不閱讀分析書籍的人觀看的書。但事實證明,這件事比我一直以來所想的更具挑戰性。在書出版後,我了解到這項任務的艱鉅,而且一直在尋找主流的公關機會來行銷宣傳本書。

　　這本書出版一個月之後,《早安美國》製作人表示有意找我上節目,對我來說,這顯然是向主流讀者宣傳本書

的大好機會。但事情並沒有那麼容易。製作人要我解釋，書中的心得如何能夠應用到《早安美國》的核心觀眾身上──她想要的不是商業心得，而是人生心得。

當時我並沒有明顯和相關的故事可說，因此我拼命想要說服她：我的訊息是值得《早安美國》的觀眾關注的。結果她沒有接受，而我也沒有上那個節目。但是兩個月後發生的一件事，讓我了解，我從21點學到的心得，非常適用於商業以外的人生。事實上，這些心得甚至幫忙救了我母親一命。

容我解釋一下。我整本書都在談論：玩21點如何幫你克服「認知偏誤」。21點裡面經常出現的偏誤，是「忽略偏誤」。維基百科將忽略偏誤定義為「一種傾向，會將有害的動作斷定為比一樣有害的偏誤（無所作為）更糟糕或更不道德」，因此基本上，人類的天性偏好按兵不動，而非偏好採取行動。

在21點裡，玩家在15點停牌，而莊家的牌是7時，一般的做法是選擇停止要牌，並寄望莊家的底牌低於10，需要再抽一張牌，然後爆掉。即使符合統計理論的決定是補牌，但許多玩家都會停牌，不想要一手造成自己毀滅。

加州大學洛杉磯分校教授卡林曾發表一篇關於21點

的有趣研究報告，在研究報告中，他發現：一般玩家因為按兵不動或作風保守而犯錯的次數，是採取行動或是極度積極而犯錯誤的逾四倍。人們喜歡將不可避免的情況延遲。

那麼，這一點與我母親有何關聯呢？

時間拉回2011年9月14日早上，我當時人在太浩湖斜坡村（Incline Village），準備在米勒‧海曼顧問公司（Miller-Heiman）的一項活動上發表演講。接著，我收到我妹妹伊薇特寄來的奇怪簡訊，她要我打電話給她。

我打了過去，她在那一端痛哭。「媽中風了，」她透過電話對我說。

我瞬間崩潰，並且開始哭泣。我在人生中面臨過一些艱困時刻，二十五歲左右，我在一個月內面臨一位摯友、祖母和一位兄弟會的兄弟相繼過世；我自己在五歲時也生了一場幾乎致命的重病，最初因為雷氏症候群誤診，脊髓膜炎發作兩週，幸好最後安然無恙。

但這次不同，因為面臨生死關頭的人是我母親。

我講完電話後上樓，若無其事地向三百位觀眾發表一小時的演說，全程都掛著最燦爛的笑容，但是一講完，我馬上衝出會場，火速回到舊金山，準備當晚趕回位於麻州伍斯特的老家，和家人在一起。

我到家時，我母親的情況顯然很差，她沒辦法說話，幾乎不認得我，而且右半身無法動彈。前幾個小時，我坐在她旁邊，她情況愈來愈惡化，開始顯得昏昏沉沉和失去意識。

　　醫生通知我們一項重要決定。考慮到她腦中的血栓大小，我們有兩個選擇——什麼都不做，期待血液最後會被吸收，或是動手術，主動將她腦中的血凝塊吸出。醫療人員對正確的做法意見分歧，沒有清楚的數據顯示「手術會有幫助」；事實上，年屆七十三歲的婦女動腦部手術，一定會有致命的風險。

　　我們握有的唯一數據是：病情與我母親類似的患者中，只有22%的人存活超過六十天。我將我母親的一份電腦斷層掃描攝影，傳給我擔任急診室醫師的好友阿默（Omar Amr），他立即跟我強調這次中風有多嚴重，並且在審慎評估後，建議進行手術，即使這樣做顯然會有風險。

　　這時我突然想起「忽略偏誤」的心得。就像一般21點玩家拿到一張15，而莊家的牌是7時，知道停牌是對的決定，我開始相信，手術是「對」的決定。但就像優秀的21點玩家一樣，我不想要成為迫使我母親爆牌的人。

　　當我和家人坐在一起時，我思索：如果是在21點牌桌上，我會怎麼做？「如果我們認為，手術是讓我母親擁

有日後過著優質生活的最佳機會，我們就應該同意動手術，不論風險如何。」

我父親和我妹妹表示同意，我們要求主治醫生盡快動手術。

我不確定我是否能夠敘述接下來六個小時的情況，在這六個小時裡，我們坐著等待我母親完成手術，期間我們試著出去吃點東西並且表現「正常」，但坐沒多久就因為一心掛念母親而回到醫院。

最後，大約晚上10點時，摩瑟（Richard Moser）醫師微笑著出現，他說，手術相當順利，預計病人很快就會康復，或者至少很快就會開始進入康復期。

我很高興，因為他說對了。隔天我們檢視電腦斷層掃描攝影，她腦部的血凝塊幾乎消失無蹤。等麻醉藥消退幾個小時後，我母親開始甦醒——不過速度當然很慢。

如今，在那個決定命運的日子之後不到六個月內，我母親有許多機能已經恢復了，她可以順順當當地走路，而且開始一星期跟物理師復健幾次，她的語言能力已經恢復，雖然有時候很難清楚表達意思（我們不也都是這樣），但她短期內已有很大的進展。

我為母親的康復引以為傲，而父親努力幫助她達到目前的進展，也令我感到驕傲。我會永遠感激摩瑟醫師，當

許多外科醫師連試都不敢試的時候，他卻給了我母親一個機會——這很有趣，因為有人說博奕可以教導你「關於真實人生的任何事情」，但我認識的大部分人都非常懷疑這種說法。在我寫這本書之前，我連自己是否了解賭場可能擁有的力量都沒辦法確定。

這本書的出版時間，正好碰上我生命中的另一個里程碑——2011年4月，我的夥伴肯恩斯和我把我們的公司賣給Yahoo，這項交易成功，主要得歸功於肯恩斯堅持不懈的領導力，以及員工們的努力工作，它讓我能夠將自己一年多的人生用來行銷推廣我的著作和我個人的演說職涯。

過去一年，我在超過三十個國家逾五十場不同活動中演講，在這個旅程中，我了解，我的下一個職業是開設另一家公司，這家公司會將《莊家優勢》帶進我可以產生長期影響力的新領域。

我探索的第一個領域，是醫療保健和健身業。美國面臨的問題中，最艱鉅的莫過於健保成本，我相信，在解決這項危機上，數據資料和分析可以產生重大影響力。但是我愈深入探究這個市場，就愈了解，有一些比我更有能力的人已經對那個領域產生影響，而且該領域變得日益擁擠。

所以我開始搜尋新的領域，在偶然的一連串事件中，

我之前提過的一位摯友羅伯森，找我討論使用「可評估量表」和「遊戲化」（gamification），將工作本身改革。他第一次和我提到這個點子時，我不確定這是不是我真的想投入的領域。就像健身業和醫療保健業一樣，我不確定我在這個產業的角色為何。

不久以後，我和一位好友艾瑞克・波伊德（Eric Boyd）共進午餐時，改變了那種看法。艾瑞克和我在他多年前創立的「跨維度」（InterDimensions）公司共事過，從那時起，艾瑞克就開始在 Yahoo 和微軟等企業帶領大型的工程團隊。當時，我向艾瑞克提了一點關於這個使用可評估量表和遊戲化系統來激勵員工的新公司構想。

我記得我告訴他：「想像一下，你的工程師是每一天都可以看到個人績效的統計數字，就像棒球選手一樣，那會是怎樣的情況？」

他馬上擋回去。「你不能像那樣把工程師量化，那太困難了。用寫程式碼這種事情來評估工程師，是個糟糕的方法。」

但是當我們繼續談論之際，艾瑞克的態度開始軟化，他了解，我不是試圖要精準量化任何事情；相反的，我是想要在以不透明為標準的世界中創造透明度。「我想你是對的。讓人們接觸量表，可能非常有教育性而且相當有

用。」艾瑞克最後下結論說。

我和艾瑞克的對話，呼應了我和專業球隊的經理、總經理、教練和老闆的談話，此外，我了解，過去七年來，我一直在為這個下一步做準備——使用可評估量表來激勵、留住、評估和招募員工，並且以此方法為中心來建立一家公司。

想像你可以監督你在工作上所做的一切事情，而且不需要在你的工作流程中增加任何經常開支。然後再想像：使用那些數據資料來評估你自己、訂定個人目標，並且充分提高個人績效。在一切評估都太主觀、太不透明和太不合時宜的世界中，這種創新確實會是改變賽局的事物。

在我撰寫本文時，這正是我嘗試要做的：設立一家使用可評估量表，以及諸如機械學等遊戲來改革人力資本管理世界的公司。

這家公司稱為 TenXer——TenXer 是矽谷名詞，用來形容那些生產力比一般員工高十倍的頂尖員工。我們希望這家公司可以對每一位員工提供工具，讓他們個個都成為TenXer。

祝我們好運！

馬愷文21點快速算牌心法

當我到各地宣傳這本書時，有太多人問我：書裡面是否解釋了我算牌的心得？我對這一點感到很意外。我並不是想要建立一套算牌指引，所以就沒有收錄關於算牌法的說明。

這顯然一大錯誤。應各界熱烈要求，我在這版收錄此說明，請見下文。

要打敗21點，第一步是學習和確切遵循「基本策略」。基本策略是一套規則，它告訴你：根據你手上的牌和莊家手上的牌，你每一手應該怎麼做。在你的那張牌桌上，策略會根據規則和情況（有幾副牌）而略有改變。我已在本書最後納入一張標準的基本策略圖。

學習基本策略的一些絕竅，包括了製作閃卡或是請人

考考你，但是最佳方法是請人用真正的牌向你發牌（或者你可以對自己發牌）——發四手牌加上莊家的一手牌，然後遵循基本策略把牌玩完。根據我們的基本策略來進行試驗，新手要能夠每回合賭兩手牌，玩完三十六副牌，而且不犯下任何錯誤。只要做到這點，就可以準備進入下一個步驟。

一般21點玩家會輸掉自己在牌桌上下注金額的3%，而遵守完美的基本策略實際上會將那個比例降到0.5%。因此，你每投注100美元，就損失0.5美元，而不是一般人損失的3美元。但這裡的目標顯然是賺錢，而不是「避免輸錢」。所以要使概率對你有利，就需要算牌。

我在本書前面提到過，算牌只是追蹤你已經看過的牌，以便對接下來即將看到哪些牌做出合理的猜測，特別是，你正在追蹤高牌（10、J、Q、K、A）、低牌（2、3、4、5、6）和中性牌（7、8、9）。我們運用一個非常簡單的方式，高牌的指定值為−1，低牌的指定值為＋1，中性牌的指定值為0。

因此，一張A（−1）、一張5（＋1）、一張2（＋1）和一張7（0），點數總計是＋1，這是簡單的加法。困難的部分或者至少需要大量練習的部分是：你要能夠很快算好。第一次練習是拿一整副牌（五十二張牌），一次發一

張明牌，在牌出現時開始算牌。每次發完一副牌，總點數應該是 0（因為這副牌裡的高牌和低牌數目相同）。你可以加快發牌速度，直到你精通這項練習為止。

接下來，你需要在類似真實賭場的環境中練習算牌。同樣的，你可以和朋友練習，也可以自己發牌，但是在每種情況中，都要發出四手牌加上莊家的一手牌，練習算牌和執行基本策略。不要擔心還沒有下注，只管試著一邊算牌，一邊正確打完幾手牌（遵循基本策略）。我們的試驗是打完三十副牌，最多只能犯兩次算牌錯誤。但絕不能犯下基本策略錯誤，否則會造成立即失敗。

因此，等到相當熟練算牌後，你可以實際運用那項資訊來贏錢。你在整盒牌中追蹤到的數字（根據你所有的加減法）稱為「點數」，但是那個數字是否有用，要看情況而定。假設你知道：點數是 + 7，另外還剩下三副牌（整盒牌包含六副牌），相較於點數是 + 7，另外只剩下一副牌。後者對你呈現出較為有利的情勢，因為你知道：你之後會看到的七張額外明牌 A，將會出現在後續少數幾張數中。因此，你需要為剩下的牌量，將點數正規化。

下一個步驟，是將算牌點數除以剩餘幾副牌數，得到的數字稱為「真實點數」或是「真數」。比方說，算牌點數是 + 7，剩下三副牌，在這種情況中，真數會是 7 除以

3，也就是二又三分之一，或是大約2.3。

這代表什麼意思呢？

大致來說，真數每上揚一個單位，你打敗賭場的機率就增加0.5％。由於你以0.5％的劣勢開始，當真數超過1，你對賭場就有優勢，那時你就可以開始積極下更多注。

你會問：要多積極？那得視許多因素而定，但我們運用的策略是根據我們整體的資金數目（我們負擔得起輸多少錢）。比方說，我們最多可以輸1,000美元；那我們就會說，我們的基本下注單位是10美元（1,000美元／100）。這是個經驗法則，意思是：你應該有大約100個單位可以玩，否則萬一運氣差，你就會面臨散盡賭資的風險。因此，你的下注單位永遠都會是你的資金除以100。

假設我們準備運用10個下注單位，你會針對勝過賭場的每一個真數優勢單位，去下注一個單位，也就是10美元。如果真數是1，你就先不下注，因為你並未握有優勢；但如果真數上揚到2，你就會開始下注10美元。如果真數上揚到3，你就會下注20美元。你練習較多次之後，可以下注分數的金額，亦即：如果真數是2.3，你就會下注13美元：（2.3－1）×10美元。

每當真數對你有利時（超過1），你就應該玩兩手牌。這項規則的例外情況是：如果你剛好單獨和莊家玩牌。在

此情況下，只玩一手牌就好。

　　以上是過度簡化的經驗心得，但足以讓你知道危險所在，如果你真的想要認真了解算牌，我建議你去看索普的《擊敗莊家》。

　　雖然這些概念全都不是很複雜，但我能夠提供的最佳建議是：先大量練習，然後才去賭場嘗試其中的技巧。

　　祝好運！

21點基本策略圖解

基本策略

四至八副牌,莊家在軟17點停牌,分牌後加倍下注。

莊家的明牌

	2	3	4	5	6	7	8	9	10	A
5–8	H	H	H	H	H	H	H	H	H	H
9	H	D	D	D	D	H	H	H	H	H
10	D	D	D	D	D	D	D	D	H	H
11	D	D	D	D	D	D	D	D	D	H
12	H	H	S	S	S	H	H	H	H	H
13	S	S	S	S	S	H	H	H	H	H
14	S	S	S	S	S	H	H	H	H	H
15	S	S	S	S	S	H	H	H	SR	H
16	S	S	S	S	S	H	H	SR	SR	SR
A2	H	H	H	D	D	H	H	H	H	H
A3	H	H	H	D	D	H	H	H	H	H
A4	H	H	D	D	D	H	H	H	H	H
A5	H	H	D	D	D	H	H	H	H	H
A6	H	D	D	D	D	H	H	H	H	H
A7	S	D/S	D/S	D/S	D/S	S	S	H	H	H
2–2	P	P	P	P	P	P	H	H	H	H
3–3	P	P	P	P	P	P	H	H	H	H
4–4	H	H	H	P	P	H	H	H	H	H
6–6	P	P	P	P	P	H	H	H	H	H
7–7	P	P	P	P	P	P	H	H	H	H
8–8	P	P	P	P	P	P	P	P	P	P
9–9	P	P	P	P	P	S	P	P	S	S

玩家的一手牌

關鍵:

H	拿牌
S	停牌
D	加倍下注／其他加牌
P	分牌
SR	投降／其他加牌
D/S	加倍下注／其他停牌

其他基本策略

1) 絕不要買「保險」
 (請見本書〈尾聲〉一章)
2) 一律在硬17點或更高時停牌
3) 一律在A8、A9、A10和10-10停牌
4) 一律把5-5當做10來打
5) 一律將A分牌

致謝

「我竟然能夠寫書」，這一點連我自己都覺得荒謬。事實上，如果你一年半前告訴我：我會完成一本真正的商業書籍。我會回答你：「要是我會寫書，那麼任何人都會寫書了。」其實，要不是以下諸多人士幫忙，這本書就無法問世。我要向這些人致上由衷的謝意。

我要感謝我父親頭一個建議我寫書。他總是相信我什麼事都辦得到，並且鼓勵我。在這次情況中，他那看似荒謬的建議，實際上在我的腦中播下種子。

接下來，我要感謝創新藝人經紀公司（CAA）的雅各（Peter Jacobs）。他是業界頭一個向我提議應該去寫書的人。過去五年來，我在各地巡迴演講，本書中出現的素材和構想，大多源自於此。雅各率先建議我，把那些混雜著

脫口秀、勵志和商業心得的六十分鐘演講，轉化成一本真正的書籍。

當我進入擬定提案和行銷本書的程序時，兩位作家經紀人提供了重要的洞見。哈里特（Michael Harriot）是第一位撥冗看完提案的經紀人，他向我提出逆耳忠言，而事實證明，他的判斷是正確的。

博薩德（Michael Broussard）後來成為我的經紀人，他為我開啟出版界的大門，並且幫助我追求遠大的夢想。說不定哪天，他會介紹美國暢銷作家兼脫口秀主持人韓德勒（Chelsea Handler）給我認識。

在我為本書進行研究的過程中，體育界有許多人士貢獻了寶貴的時間和故事給我。休士頓火箭隊總經理莫雷抽時間和我在舊金山的麗池卡爾頓酒店共進午餐；我的摯友，同時也是四九人隊副總裁瑪拉斯一反平日排斥媒體的習慣，同意我採用多年來和他交談時所收集到的故事。

運動彩券業界的鮑勃博士向我敞開他家大門，分享他多采多姿的職涯，並且提供洞見，讓我了解運動彩券分析師的行事作風。

波粹公司原來的諮詢團隊已經開始另闢蹊徑，業務擴及更大、更好的項目。但是本書的一個重心是：即使不在於該團隊的協助，也在於他們的精神。比奇獨特的觀點從

未令人失望，任職於達拉斯小牛隊的他從NBA之路提供洞見；波特蘭拓荒者隊的阿拉瑪協助開發大半的統計方法，讓我們公司建立與該球隊的關係；美式足球分析領域的先驅夏茲是靈感的主要來源；卡莫爾（Mark Kamal）一向是值得信賴的資訊來源，並曾是波粹公司許多絕佳構想背後的靈魂人物；而德賈汀一直是可靠的夥伴，在我需要針對某些資訊截取螢幕畫面，或是需要了解「三線快攻」等詞彙的意思時，他總是會提供協助。

感謝芝加哥大學教授海辛加和知名NBA統計專家威爾容忍我批評他們提出的「手感理論」，也感謝霍林格自稱為「熱感」無神論者。此外，感謝普里查德及拓荒者隊其他工作人員，讓我這種贏牌獎金發得慢、又不是很搶手的人，成為他們籃球世界裡的一分子。

我還要感謝麥吉、艾略特、湯姆·吳、歐爾金博士及丹尼斯·于分享他們的專業知識。

感謝賈斯科（David Jeske）提供洞見和鼓勵。有你這麼富有智慧的人做我的讀者，當然令人振奮。

對於我在SAS軟體公司的所有朋友，以及幾位合夥人，包括伊安尼切洛（Mario Iannicello）、科庫羅（Nick Curcuru）、鄧肯（Craig Duncan）、布雷得利、麥克萊恩及布蘭德（Ken Bland），你們的支持、資源，和分析上的成

功，是本書能夠出版的原因。

致我的個人編輯布萊斯（Catilin Blythe）及蒂姆波恩（Brian Timpone），你們花在這本書上的時間和工夫，令我驚訝。你們將工程師生硬冰冷的語言轉變成通俗易懂的散文，真是幫了大忙。

致布魯姆博士、我的好友阿瑪爾和我的醫療顧問，你們的專業知識，協助將我在實證醫學上的理論轉化成真實的角度。

還有棒球界的朋友們，布瑞斯洛和普萊斯，雖然你們兩人差異相當大，但你們的相似處促成了數據導向決策中一個有趣又獨特的故事。

致我21點小組隊友布洛赫和阿龐特。布洛赫是唯一能夠實際協助我分析撲克、21點的人，而阿龐特總是能在21點的牌局中為我提供最可靠的概率結論。

談到21點，就不得不感謝開始這一切的人，也就是索普。我對他所作的電話訪問，是這個過程中最有意義的部分之一。當初他不但快速回覆，而且提供了獨特和寶貴的見解。感謝你為我們所有人奠定基礎。

致我的專職經濟研究員馬伊曼，感謝你的積極回應、真誠及鼓勵。你說我這本書很有趣，你的肯定減輕了我許多的恐懼。

致我的專職策略分析師安德森（Russell Andersson）。你在閱讀各個篇章、提出意見和構想上所花的時間，簡直是天賜的禮物。如果缺少了你的幫助，這本書就不會有這樣的風貌。

感謝席佛在撰寫自己的新書之際，仍然撥冗與我會面，分享他如何成為全球最著名預言家的故事。

感謝布瑞特協助我重新體會在歐康諾公司工作的日子。

致維蘭德里，我二十多年前玩水球認識的人，你的成功令人驚嘆也激勵人心。感謝你貢獻出最寶貴的資源——時間。

有三本書為本書的創作提供了靈感：彼得‧伯恩斯坦的《風險之書》、羅傑‧羅溫斯坦的《天才殞落》，以及威廉‧龐士東的《決勝籌碼》（*Fortune's Formula*）。這三本書已經為這個領域的寫作設立了極高的標準，我希望自己這本書也能達到那項標準。

我常說，有兩本書徹底改變了我的人生：《贏遍賭城》（原因很明顯）和《魔球》（因為建立了新的思考方式）。在我的寫作過程中，路易士成為我的良師益友，我要感謝他多年來在Saul's餐廳與我共進午餐。

我要特別感謝班‧梅立克。他提供一個平台，用大眾

想要閱讀的方式來呈現我的故事。現在沒有多少作家能夠做到這點。

致米德（Brian Mead）及其工作人員，在大半的寫作過程中，他們實際上跟我住在一起，如果沒有你們讓我分散注意力，我可能已經瘋掉，並且把我的筆電扔出窗外。

致我的事業夥伴肯恩斯及他的原本的合夥人穆拉德，多謝你們帶我進入體育界，讓我有機會在賭場外成名。

致康普頓，一位於公於私都真正具有啟發性的人，我常說，即使你買下與我現在工作無關的麥當勞速食餐廳，只要你開口，我一定過去幫你。感謝你一路的鼓勵相挺。

我還要感謝兩位好友：笑聲具有感染力而且在牌桌上風趣幽默的麥克利蘭，以及知識淵博的羅伯森。你們是我永遠可靠的朋友。

感謝我的編輯斯圖亞特（Airie Stuart）。她身為出版人，百忙之中還抽出時間編輯本書。你因為相當信任我而買了本書，並且將它當做你本身的專案來處理，這一點讓我相信出書這種事真的可能發生。

感謝海爾弗里奇和貝登一家人，你們總是讓我覺得賓至如歸，讓我覺得有趣。謝謝你們。

感謝我的家人，爸爸、媽媽、伊維特、薇薇安。你們負責塑造我這個人，我獲得的任何成功，全都來自你們賜

給我的穩固基礎。

　　最後致凱薩琳，若說妳「有聖賢的耐心」，這話是陳腔濫調，而且說得太保守。在整個創作的過程中，妳展現出來的愛與支持，不僅賦予我力量，而且令人驚嘆。妳真的是我所遇過最特別的人。

莊家優勢

MIT 數學天才的機率思考，人生贏家都是機率贏家
The House Advantage: Playing the Odds to Win Big in Business

作　　者	馬愷文（Jeffrey Ma）	
譯　　者	林麗冠	
主　　編	郭峰吾	

總 編 輯　　李映慧
執 行 長　　陳旭華（steve@bookrep.com.tw）

出　　版　　大牌出版／遠足文化事業股份有限公司
發　　行　　遠足文化事業股份有限公司（讀書共和國出版集團）
地　　址　　23141 新北市新店區民權路 108-2 號 9 樓
電　　話　　+886-2-2218-1417
郵撥帳號　　19504465 遠足文化事業股份有限公司

封面設計　　児日設計／倪旻鋒
印　　製　　成陽印刷股份有限公司
法律顧問　　華洋法律事務所　蘇文生律師

定　　價　　480 元
初　　版　　2013 年 11 月
四　　版　　2024 年 5 月

The House Advantage
Text Copyright © Jeffrey Ma, 2010, 2012
Published by arrangement with Palgrave Macmillan USA, a division of St. Martin's Press, LLC.
All rights reserved.

電子書 E-ISBN
978-626-7378-99-1（EPUB）
978-626-7491-00-3（PDF）

國家圖書館出版品預行編目資料

莊家優勢：MIT 數學天才的機率思考，人生贏家都是機率贏家 /
馬愷文 (Jeffrey Ma) 著；林麗冠 譯 . -- 四版 . -- 新北市：大牌出版，
遠足文化事業股份有限公司發行 , 2024.5
352 面；14.8×21 公分
譯自：The House Advantage: Playing the Odds to Win Big in Business
ISBN 978-626-7491-04-1（平裝）
1. 決策管理　2. 商業統計　3. 商業分析

494.1　　　　　　　　　　　　　　　　　　113006265